高性能集成电路封装有机基板材料

李晓丹　等 编著

HIGH-PERFORMANCE ORGANIC SUBSTRATE MATERIALS
FOR
INTEGRATED CIRCUIT PACKAGING

化学工业出版社

·北京·

础研究和应用开发的支持。

本书可供电子材料领域的工程技术人员参考，也可作为高等院校材料科学与工程、微电子制造与封装、高分子材料、电子化学品及相关专业的教学参考书。

由于笔者水平有限，书中难免存在疏漏之处，恳请广大读者批评指正。

李晓丹

2025 年 5 月

于重庆工商大学

目录
CONTENTS

第一章

绪 论

1.1 概述

随着 5G 和人工智能时代的到来，电子器件正朝着小型化、高速化、集成化的方向发展。由式（1.1）可知，聚合物材料的介电常数对电子信号的传播速度有着显著的影响，且随着介电常数的减小，电子信号传播速度增加[1]。

$$v = KC/\varepsilon^{1/2} \tag{1.1}$$

式中，v 是电子信号的传播速度；C 为光速；K 为常数；ε 为介电常数。

为了降低超大规模集成电路（ULSI）中的信号干扰、连串互扰及功率损耗，低介电材料的研发对微电子工业、电子通信行业的发展有着极为重要的意义[2-4]，这使得未来的高频印制电路板（printed circuit board，PCB）基材需要具备优异的超低介电常数（$\varepsilon < 2.5$）、高耐热性、优异的机械性能、低吸水率、低收缩率及高化学稳定性等。在低介电的 PCB 基板中，目前主要用到的树脂基体包括氰酸酯、聚酰亚胺、聚四氟乙烯、苯并噁嗪树脂等。现今，获得低介电常数聚合物的方法主要有如下四种：①向聚合物中引入纳米孔隙（空气的介电常数为 1），该方法往往会对聚合物的机械性能造成不良影响；同时，过多孔隙的引入会使得聚合物材料容易吸收水分，长时间放置会对聚合物材料的介电性能产生负面作用。②通过共聚作用向聚合物中引入低极性官能团。尽管利用此种方法制备的聚合物时常具有超低介电特性，但在大规模生产过程中并不能保证其具有良好的疏水性能。③利用"加和原则"，与低介电聚合物材料共混，例如与氰酸酯[5]、聚苯醚[6]、聚四氟乙烯[7]共混，但不能有效保证共混体系的相容性和分散性。④改变树脂基体的固化历程，通过消耗树脂体系中的极性键也可获得具有低介电常数的聚合物材料。

1.2 PCB 基材

PCB 是电子工业的核心基础组件，广泛应用于各类电子设备。目前可以制作成PCB基材的材料有很多，如氰酸酯、BT树脂、聚苯醚、聚四氟乙烯、聚酰亚胺等。

超大规模集成电路目前发展迅速，器件的集成度逐步提高，半导体芯片的尺寸要求越来越小[1]。当特征尺寸降低到亚微米时，PCB线间和层间寄生电容引起的RC延迟、串扰、功耗成为限制器件性能的主要因素。国内企业对PCB基材的要求比较严格，腾辉国际集团（Ventec International Group）为了适应社会发展的需求，研究推出了一种高导热性的金属基覆铜箔板，其在一定条件下，热导率达到了7W/(m·K)以上；利昌公司也研究出了一种不透光的黑色基板材料，其对波长在650～1310nm范围内的红外或者近红外光，不反射也不透过。张洪文[2-4]对低介电常数、高阻抗、低损耗的PCB基材进行了研究，得到了一系列高性能PCB基板材料。日本TDK株式会社研发了一种低介电损耗的PCB基材，但其介电系数大；Isola公司研发出了雷达材料专用的超低损耗产品。然而，这些材料的介电常数都比较高，研制综合性能优异的低介电材料是取代传统SiO_2介电材料、解决上述问题的有效方法。根据国际半导体发展规划报告，2013年已进入32nm线宽的纳电子器件时代，迫切需求介电常数<2.0的超低介电常数材料作为PCB基材。同时，作为电子电气用超低介电常数材料还必须满足以下要求：

① 在机械性能方面，与基底的黏附性好、机械强度高、残余应力低、硬度高；

② 在热性能方面，具有高热稳定性（T_{d5}>400℃）、低热膨胀率、高热导率；

③ 在物理化学性能方面，具有高的耐腐蚀性、低吸湿性和高平整性等。

1.3　低介电材料的制备方法

介电常数（ε）又称介质常数、介电系数，通常用于衡量材料的绝缘特性。电介质材料可分为低介电材料、高介电材料和超高介电材料，高介电材料和低介电材料是以SiO_2的ε值（ε＝3.9）来区分，ε>3.9为高介电材料，ε<3.9为低介电材料[5]。

由图1.1可以看出[6]，现代电子器件的不断小型化使得互连电容引起的延迟损耗成为高速、低损耗、多功能集成电路迫切需要解决的问题。为了有效地减小电子信号在传输过程中的延迟互扰，提升信号传播的速度和效率，PCB基板通常会选用具有低介电常数的树脂基体作为黏结剂。根据国际半导体技术发展线路图（ITRS）[7]，在互连线路中，金属Al将代替金属Cu，低介电常数聚合物也将取代传统SiO_2介质材料，这要求未来在电子工业中应用的低介电聚合

物材料的 ε 值控制在 2.1～2.5 范围内。因此，近年来，研究者们开发了系列低介电聚合物，其中主要包括芳基聚合物（聚酰亚胺、聚芳基醚、多芳基碳氢化合物)[8-10]、含氟低介电聚合物[11]、聚合物多孔材料[12]。

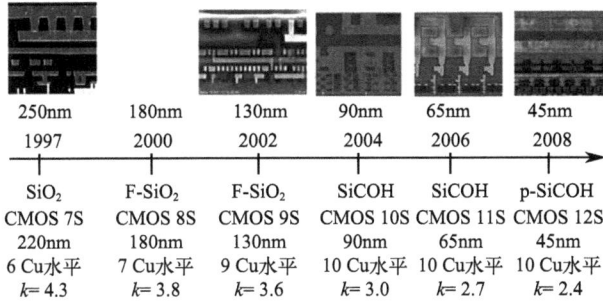

图 1.1 1997~ 2008 年 IBM 量产 CMOS 微处理器的时间表

控制介电常数的本质在于控制聚合物材料内部的极化现象。极化现象是由于聚合物材料在电场作用下容易发生电荷迁移，电荷聚集在极板上，形成了感应偶极矩，导致聚合物材料的介电常数升高的现象。聚合物材料的介电常数值越大，表明其对电荷的束缚作用越大，极化程度越高。结合 Clausius-Mossotti 方程 ［式(1.2)］[13] 分析发现，低极性组分的存在有利于获得低介电聚合物。目前，有许多降低介电常数的方法，其中包括：①向聚合物中引入低极性键[14]；②向聚合物中引入自由体积较大的刚性基团[15]；③制备自成孔聚合物材料[16]；④向聚合物中引入中空纳米结构[17]。然而，这些方法的本质都在于降低材料的分子极化率和极化密度。

$$\frac{\varepsilon-1}{\varepsilon+2}=\frac{N\alpha}{3\varepsilon_0} \tag{1.2}$$

式中，N 为单位体积的极化分子数；α 为分子极化率，是电子和离子极化率之和；ε_0 是真空介电常数。

1.3.1 极化率

图 1.2 为电场中聚合物材料内部的电荷极化现象[18]。介电聚合物一般存在电子极化、离子极化、取向极化、界面极化四种极化现象，其本质为聚合物材料中正负电荷发生了偏移。介电常数容易受电场频率的影响。在电场频率为 $10^{14}～10^{16}$ Hz 范围内，材料中的原子发生相对于原子核的运动，形成的偶极矩通常会导致原子极化；离子极化的发生与外加电场无关，主要是由阳离子和阴离子相对位移的改变而引起的；取向极化也称为偶极极化，它与电荷的定向排

列有关；移动电荷在受到其他电荷干扰时，往往会发生界面极化。

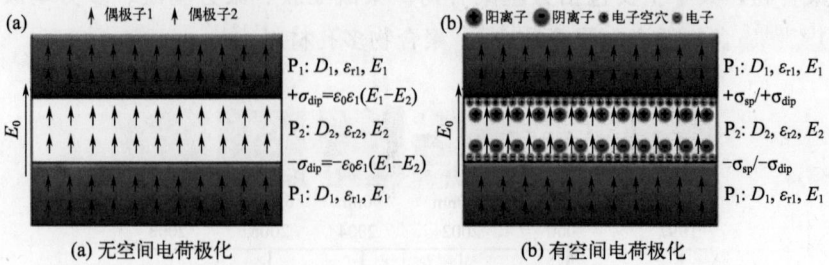

(a) 无空间电荷极化

(b) 有空间电荷极化

图 1.2　界面极化的示意图

E_0 是施加的电场；D_i、ε_{ri} 和 E_i 是聚合物 i 的位移、相对介电常数和标称电场 [i 表示聚合物 P_1 的 1 和聚合物 P_2 的 2]；σ_{sp} 为空间电荷极化；σ_{dip} 是基于电子、原子和定向极化的偶极界面极化。对于绝缘体，应该只存在热激活电子，而不应该有自由空穴。P_1/P_2 界面上的空穴代表 P_2/P_1 界面上极化电子的镜像电荷

图 1.3 揭示了除离子极化外的其他三种极化方式与电场频率之间的关系[19]。不同频率段的极化方式存在很大差异，这主要与分子的组成、化学键、运动状态有关。这些因素共同对聚合物材料的介电实部和介电虚部产生影响，最终改变了聚合物的介电常数和介电损耗。材料的介电常数时常取决于它的极化率，极化率又受元素电负性的影响。表 1.1 给出了部分元素的电负性和相应化学键的极化率[20]。一般而言，元素电负性越大，极化率越小。因此，研究者通过引入碳氟键（C—F）制备了系列低介电材料。

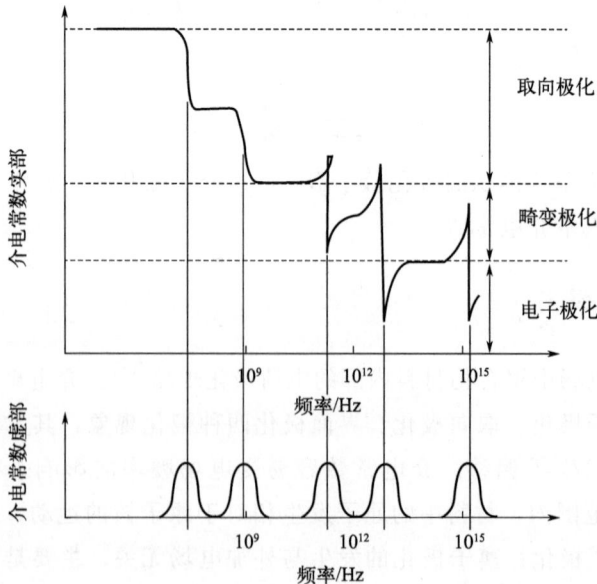

图 1.3　材料的介电常数实部、介电常数虚部与电场频率之间的关系曲线

表 1.1 元素的电负性和化学键的极化率

元素	电负性	化学键	极化率/(C·m²/V)
C	2.5	C—C	0.53
		C=C	1.64
		C≡C	2.04
H	2.1	C—H	0.65
		O—H	0.71
N	3.0	C≡N	2.24
O	3.5	C—O	0.58
		C=O	1.02
F	4.0	C—F	0.56

Gu 等[21]首次采用间三氟甲基苯酚（TFMP）和表氯醇（ECH）为原料成功合成了含氟化合物 2-[(3-三氟甲基苯氧基)甲基]环氧乙烷（TFMPMO），进而对双酚 A 二氰酸酯树脂（BADCy）进行改性研究。研究发现，15.0% TFMPMO/BADCy 树脂材料具有良好的尺寸稳定性（热膨胀系数为 6.4×10^{-5}）和优良的机械性能（冲击强度 15.4kJ/m²，抗弯强度 141.0MPa）；同时，介电性能也有显著提升，介电常数值和介电损耗值分别为 2.75 和 0.0067。然而，随着 TFMPMO 含量的不断增加，TFMPMO/BADCy 树脂材料的热稳定性有下降的趋势，故利用氟化物改性树脂基体时要考虑材料的综合性能。

He 等[22]利用氟化石墨烯（FGO）和聚酰亚胺（PI）成功制备了氟化石墨烯/聚酰亚胺纳米复合材料（FGO/PI）。研究表明，适量的 FGO 能很好地分散在 PI 基体中，从而提高 PI 的综合性能，0.6%FGO/PI 纳米复合材料的抗拉强度为 155.73MPa、断裂伸长率为 16.84%，分解温度为 570℃，介电常数为 2.45，吸水率为 1.35%。然而，FGO 加入过量则会使其在 PI 基体中形成局部缺陷，对 PI 的性能造成不良影响。考虑到纳米复合材料的综合性能，因此，FGO 不能无限添加，这将限制纳米复合材料介电性能的提升。

Fang 等[23]成功合成了一种生物基烯丙基酚（丁香酚）功能化的氟化马来酰亚胺树脂。研究结果表明，与商业的双马来酰亚胺相比，新型氟化双马来酰亚胺的热分解温度高于 413℃，介电常数和介电损耗分别低于 2.90 和 0.007，吸水率也由 3.0%降至 1.06%。

1.3.2 极化密度

除了向聚合物材料中引入低极性键或非极性分子以外，还可以通过降低单位体积的偶极子密度来获得低介电材料。目前，降低偶极子密度的主要方法有两种，一种是向聚合物中引入大体积原子或原子团[24]、刚性位阻结构、不规则链段等，以引入分子尺度上的自由体积，从而制备具有低介电常数的聚合物材料。

Wu 等[8]采用含羟基的聚酰亚胺（PI-OHs）与叔丁基二甲基氯硅烷（TB-SCl）进行甲基硅醚反应，成功制备了含叔丁基二甲基硅氧烷的芴基聚酰亚胺膜（PI-TBS）。研究表明，与 PI-OHs 相比，PI-TBS 在低沸点溶剂中的溶解度佳，光学透明度更好，疏水性更优异。PI-TBS 在 1MHz 时的介电常数为 2.44，且具有优异的热稳定性能和力学性能，其拉伸强度可达 79.1MPa。

Lv 等[25]采用柔性聚二甲基硅氧烷（PDMS）和金刚烷制备了超低介电常数的多孔聚酰亚胺薄膜（PI）。研究结果表明，金刚烷和 PDMS 使体系的自由体积增加，极化率降低。因此，在频率为 1MHz 时，多孔 PI 的介电常数值仅为 1.85。此外，多孔 PI 也表现出较低的吸水率（1.15％），这说明多孔 PI 薄膜在微电子器件中具有很高的应用潜力。

降低偶极子密度的第二种方法是向聚合物材料中引入纳米多孔结构，可以通过原位聚合自成孔、模板法成孔[26]，也可采用物理共混的方式进一步得到多孔纳米复合材料[27]。

Zhang 等[28]通过原位聚合法成功合成了多面体倍半硅氧烷功能化的苯并噁嗪树脂（BZPOSS），通过与双酚 A 二氰酸酯（BADCy）共混制备了 BZPOSS/BADCy 纳米复合材料。研究表明，BZPOSS 的引入使 BADCy 的固化峰温度从 317.1℃降至 160.3℃，说明 BZPOSS 能有效催化 BADCy 的固化反应；另外，BZPOSS 还能有效地降低 BADCy 的介电常数，当加入质量分数为 15％的 BZPOSS 时，纳米复合材料的介电常数可降低到 2.01，介电损耗降至 0.007。

Purushothaman 等[29]首次利用共价有机三嗪骨架（CTF-1）改性氟化聚酰亚胺（TPI）。由于共价三嗪骨架（CTF-1）中存在较多的孔隙结构，故制得的 CTF-1/TPI 复合材料具有超低介电常数，其介电常数最小值为 1.81，并且 CTF-1/TPI 还具有较高的热稳定性，热分解温度可高达 520℃。然而，当 CTF-1 的加入量为 4.0％（质量分数）时，CTF-1/TPI 的拉伸性能和介电性能均有所下降。

1.4 PCB 基板中常见的树脂基体

电子产品与技术的快速发展，为封装与互联技术的提升提供了巨大空间，也对基材提出了空前挑战；说印制电路板及其基材首当其冲大概也不为过[30-31]。提高玻璃化转变温度、降低介电常数、降低热膨胀系数、提高环保性能和市场效益，成了业界人士近年来接触频率最多的关键词。对某种基材而言，要提高它的上述某一项性能，例如对玻璃化转变温度的改善已经变得困难；要全面提高这几项性能，或者开发一种这几项性能均较好的新型基材，其难度之大可想而知。下面主要讲述常作为基材的树脂材料。

1.4.1 苯并噁嗪树脂

苯并噁嗪（BOZ）单体是以酚类化合物、伯胺类化合物和醛为原料合成的苯并六元杂环化合物，最初在 Mannich 反应中发现，可在加热和（或）催化剂作用下发生开环聚合反应形成聚苯并噁嗪树脂。与传统的酚醛树脂相比，聚苯并噁嗪树脂在成型固化过程中有着优良的特性，如孔隙率低、近零收缩；因为在固化过程中其不会释放出小分子。另外，其具有独特的分子可设计性，可认为是一种新型的酚醛树脂[32]。

苯并噁嗪是 Holly 和 Cope 在 1994 年研究 Mannich 反应时无意发现的，苯并噁嗪单体主要通过开环聚合反应机理形成树脂，其结构与酚醛树脂相似，亦称为开环聚合酚醛树脂。其合成反应如图 1.4 所示。

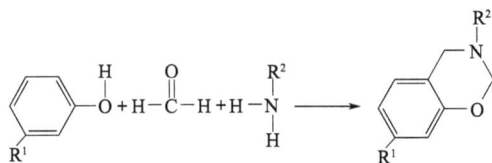

图 1.4　苯并噁嗪合成反应

苯并噁嗪在开环聚合过程中不会释放出小分子，这一特点使得苯并噁嗪类酚醛树脂的加工性能大大提高，在技术上具有明显的先进性；其固化时具有近零的收缩率，与其他酚醛、环氧树脂相比，在拉伸模量、强度等方面均具优良性。在其他方面苯并噁嗪树脂也表现优良：

① 电性能方面，双酚 A 型苯并噁嗪的介电常数在 3.6 左右；

② 阻燃性能方面，在相同条件下，聚苯并噁嗪树脂为基体的印制电路板表现出低燃烧烟雾浓度、低毒性和低腐蚀性；

③ 吸水性能方面，相比于酚醛与环氧树脂，双酚 A 型苯并噁嗪表现出低吸水率。

苯并噁嗪树脂相比于传统酚醛树脂，表现出了高硬度、高耐热、强阻燃、强电绝缘性能，在具备这些优良性能的同时，其自身具备的特殊结构，改善了酚醛树脂的不足，主要有以下方面：

①使得酚醛树脂的脆性增强。苯并噁嗪树脂因其低的熔融黏度而在成型加工方面较易，便于制备工业所需求的高分子材料[33-34]。

②保护生产设备，因为苯并噁嗪的固化反应能够自发进行，不需要催化剂，从而不会造成腐蚀。

③可以作为环境友好型树脂材料的一种，因为其开环固化的特性，不会产生副产（如苯酚等）[35]。

④有利于材料的成型加工，因为苯并噁嗪树脂固化过程能够实现近零体积收缩。相比于其他传统树脂基体的线路板，其不会产生较大张力，因而不会产生纤维翘曲；在应用于光学镜片的黏结剂时，因其不收缩特性而不会产生光学图像失真[36-38]。

⑤可以制成低孔隙率的产品，因为其开环聚合不会产生小分子副产物[39]。

⑥可以作为一种良好的绝缘材料，其电容低且不受频率影响。

⑦具备广泛的分子可设计性，主链与侧链都可以通过分子设计制备出综合性能优良的树脂材料[40]。

⑧具备低吸水率，因为苯并噁嗪分子中存在着大量的分子间氢键，可减小与水分子的接触作用。

⑨可以应用于交通与建筑方面，因为苯并噁嗪树脂具有强阻燃性，产生的烟雾小。

苯并噁嗪树脂以其自身优异的性能，已广泛应用在复合材料基体树脂、无溶剂浸渍漆、电子封装材料、阻燃材料、建筑材料、航空航天等领域。

（1）树脂传递模塑

由于苯并噁嗪具有固化过程中无小分子放出，制品尺寸接近零收缩，所以苯并噁嗪作为可用于RTM成型的高性能聚合物而广受关注。在实际应用中，主要是将不同官能团的苯并噁嗪树脂共混，或者利用环氧、双马来酰亚胺等树脂对其进行改性，来制备低黏度的RTM基体树脂。

（2）复合材料基体树脂

顾宜等利用苯并噁嗪为原材料制备了系列层压板，在真空泵旋片、变压器绝缘材料等方面获得了实际应用。采用悬浮法制备的固体苯并噁嗪颗粒可以与橡胶、催化剂等各种填料混合，制备汽车刹车片[41]。

（3）电子封装材料

苯并噁嗪树脂在宽温段具有稳定的低介电常数以及低介电损耗，利用这一性能 Rimdusit 等制备了一种苯并噁嗪、酚醛树脂和环氧的三元共混树脂[42]。该聚合物保持了三者的性能，在 $100℃$ 时，树脂黏度仅为 $0.3Pa \cdot s$，因此该体系可以制备无孔隙样品，适用于电子封装材料。

（4） PCB 基体材料

PCB 基材的要求是基体树脂本身具备优良的力学性能、热性能以及耐腐蚀性能。苯并噁嗪树脂相比传统树脂所具备的优良性能，能满足 PCB 基体树脂的要求。国外汉高公司、国内生益科技股份有限公司等已成功研发以苯并噁嗪共混树脂作为基体材料的 PCB 产品。但新型 PCB 基材要求介电常数低，苯并噁嗪的介电常数在 3.6 左右，因此需要苯并噁嗪树脂的介电常数进一步降低。

苯并噁嗪具有优点的同时也伴随着一些不足。传统的苯并噁嗪聚合后得到的苯并噁嗪树脂较脆，力学性能不是很好；加工过程烦琐，大部分苯并噁嗪单体为固体，它们在加工过程中难以像液态热固性树脂预聚体那样方便地使用。同时，预聚体分子量较低，很难加工成模。

1.4.2　环氧树脂

环氧树脂（epoxy resin，EP）出现于 20 世纪 30 年代，由瑞士的 Pierre Castan 和美国的 S. O. Greenlee 首次合成，20 世纪 50 年代开始大规模应用。起初环氧树脂主要用于制备涂料，耐腐蚀并具有弹性，60 年代后，其应用拓展至机械工业（特别是飞机和汽车制造的金属结构粘接方面）及电工行业，实现了快速发展。近年来，环氧树脂已应用到航空航天、电子电气和汽车制造等领域[43]。我国自 1956 年开始研发环氧树脂，首先在沈阳和上海两地取得成功，并于 1958 年在上海实现工业化生产[44-45]。

环氧树脂（EP）是一类以脂肪族、脂环族或芳香族链段为主链，含有两个或两个以上环氧基团的高分子预聚物。由于环氧基团具有较高的化学活性，可与多种含有活泼氢的化合物发生开环反应，形成高度交联的三维网络结构。其中，双酚 A 二缩水甘油醚型环氧树脂是使用最为广泛的热固性树脂，其化学结构式如图 1.5 所示[46-47]。

环氧树脂具有如下优良性能[48]：

① 粘接性能优异。环氧树脂固化后含有大量的羟基、醚键以及相当活泼的

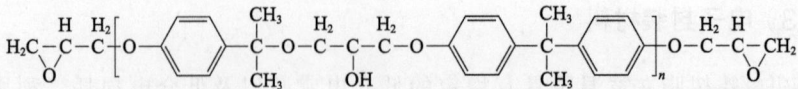

图 1.5 双酚 A 二缩水甘油醚型环氧树脂化学结构

环氧基。羟基和醚键属于强极性基团，能与被粘接材料表面产生电磁吸引力，形成氢键；另外环氧基可与其他材料的活泼基团（如金属表面的活泼氢）反应，从而生成化学键，因此环氧树脂与各类材料有很强的粘接力。

② 力学性能稳定。环氧树脂主链通常含有大量的刚性苯环，固化后产生三维交联网络结构，结构紧密。同时交联网络中含有较多醚键，可增加树脂的韧性，因此环氧树脂有很好的拉伸性能、弯曲性能及冲击强度。

③ 耐热性良好。固化时，环氧树脂中的环氧基团开环生成大量醚键，苯环和醚键都具有良好的耐热性。在高温下，分子键不易发生断裂，其起始分解温度在 300～400℃。环氧固化物玻璃化转变温度较高，一般可达到 80～100℃，能满足日常生活使用要求。

④ 收缩率低。环氧树脂固化主要由活泼氢和环氧基团发生开环加成反应，因此在反应过程中不会有小分子副产物释放，从而使固化物分子链排列紧密。固化收缩率一般在 1%～2% 之间，尺寸稳定性好。

⑤ 绝缘性优良。环氧树脂固化后，几乎不存在游离粒子和活泼基团，因此有着良好的电绝缘性。经固化后，环氧树脂室温击穿强度≥35V/mm（厚度低于 0.5mm），体积电阻率≥10^{15}Ω·cm，介电常数在 3～4 之间。

1.4.3 氰酸酯树脂

氰酸酯（cyanate ester，CE）树脂是 20 世纪 60 年代继环氧树脂（EP）、聚酰亚胺树脂（PI）和双马来酰亚胺树脂（BMI）后，开发的一类兼具 BMI 高耐温性和 EP 良好工艺性的高性能热固性树脂。1960 年，R. Stroh 和 H. Gerbert 首先利用立构受阻酚成功合成出氰酸酯。1962 年，德国化学家 E. Grigat 首次发现氰酸酯单体合成的简单方法，即通过酚类化合物和卤化腈制备，此后 Bayer 公司对此开展了大量研究工作。直到 80 年代，欧美的公司才研发出具有商业使用价值的氰酸酯树脂产品，实现工业化。现如今，氰酸酯树脂的应用主要集中在高频印制电路板、高性能透波天线罩以及航空航天复合材料树脂基体等领域[49]。

氰酸酯（CE）树脂通常指含有两个或两个以上氰酸酯官能团（—OCN）的衍生物。氰酸酯单体中含有—O—C≡N，其中氧原子和氮原子的电负性都很高，形成共振结构；碳、氮原子间的 π 键能量低易断裂，所以氰酸酯基团具有很高的活性，可在无催化剂的条件下高温固化，发生环化三聚反应，形成大量的三嗪环结构，因此也被称为三嗪树脂。目前发展时间最长、应用范围最广的是双酚 A 型氰酸酯树脂（BADCy），最早由欧洲 Bayer 公司和美国 Moday 化学公司商业化生产，主要用于高性能印制电路板领域，其化学结构如图 1.6 所示[50]。

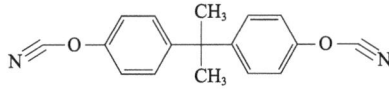

图 1.6　双酚 A 型氰酸酯化学结构式

氰酸酯树脂性能如下：

① 工艺性良好。氰酸酯树脂的加工工艺性和环氧树脂比较类似，氰酸酯预聚物的分子量小，具有良好的流动性，有利于加工。在固化过程中，没有小分子副产物，不容易产生气泡。

② 耐热性高。氰酸酯树脂中的三嗪环具有较高的位阻，能限制分子链段运动；芳香族氰酸酯树脂主链上含有大量的芳环，并且有较高的交联密度，这赋予了氰酸酯树脂较高的耐热性，玻璃化转变温度在 240～290℃ 之间，初始分解温度达 400～410℃。

③ 吸湿性低。氰酸酯树脂网络体系中含有相对较少的极性基团，固化后结构对称，交联密度高，分子排列整齐，堆积规整，结构致密，能有效抑制水分子的渗透，吸水率小于 2%，吸湿性低。

④ 介电常数低。氰酸酯树脂固化后会形成大量的六元环，是高度对称的三嗪环结构，其中电负性大的氧原子和氮原子对称分布在略显正电荷的碳原子周围，电子吸引作用得到平衡，在外部电磁场中偶极运动短暂，储能小。另外，三嗪环位阻效应大，可限制极性基团的内旋转运动，导致极性弱。氰酸酯树脂有着优异的介电性能，介电常数在 2.8～3.2 之间，介电损耗在 0.002～0.008 之间，都低于传统的环氧树脂，同时对温度及频率的变化不太敏感。

1.4.4　双马来酰亚胺-三嗪树脂

双马来酰亚胺-三嗪树脂又称为 BT 树脂，为日本三菱瓦斯株式会社在 20 世纪 70 年代研究发现的一种二元树脂复合材料[51]。因其由双马来酰亚胺（BMI）和 CE 共混而成，故 BT 树脂兼具 CE 和 BMI 各自优异的性能，其中包括低收缩率、低吸水率（0.2%～2.5%）、高化学稳定性、低介电特性、高玻璃化转变温度（190～290℃）等。相比其他热固性树脂，BT 树脂更能在高温高频下作业。目前，在少数发达国家已被用作 PCB 基材的黏结剂。未来，BT 树脂的应用或将更为广泛。近年来，关于 BT 树脂的研究主要集中在 BT 树脂的固化机制及其改性方面[52-54]。虽然 BT 体系的固化机制至今仍存在较大争议，但这并没有影响它在电子电气、航空航天、高频 PCB 基材等行业中的应用。现今，我国还处于 BT 树脂研究的初级阶段，尚不具备产业化的能力，其应用只在少数发达国家。

BT 树脂是一类具有高交联密度的有机聚合物。尽管它具有诸多优良性能，但其也存在固化温度高、脆性大、介电性能不突出等缺点。特别是未来对于树脂基体材料的性能要求愈来愈高，这使新型 BT 树脂的研究具有重要意义。为了获得综合性能优良的 BT 树脂，大量研究者对其进行了改性研究。现今，对于 BT 树脂的改性主要从新型 BT 树脂单体的合成、热塑性材料改性 BT、热固性材料改性 BT、无机纳米材料改性 BT 等四个方面入手。

（1）新型 BT 树脂单体的合成

由于 CE 和 BMI 单体的合成较为简单，通常研究者会先合成具有不同侧链或基团的 CE 或 BMI 单体，进而通过熔融共混的方式获得性能优异的 BT 树脂。采用这种方式获得的 BT 树脂具有一定的优势。一方面，它可以增加树脂基之间的相容性，改善力学性能；另一方面，还可避免因填料等方式造成的分散性差等问题。

Hwang 等[55]以双（4-氨基苯氧基-3,5-二甲基苯）合成了含有双环戊二烯（DCPD）的新型双马来酰亚胺（DCPDBMI）和氰酸酯（DCPDCY），然后将它们按不同比例共混制备了一系列含 DCPD 的新型双马来酰亚胺-三嗪树脂（BT）。研究表明，由于 DCPD 的疏水作用，BT 树脂具有较低的吸水率；同时，由于 DCPD 具有较大的自由体积和低极性，BT 树脂有着较低的介电常数和介电损耗。在频率为 1MHz 时，BT 树脂的介电常数可降至 2.69。但随着 DCPD-CY 含量的持续增加，BT 树脂的玻璃化转变温度和热稳定性略有降低。

Ma 等[56]用硫醚型双马来酰亚胺（SBMI）改性氰酸酯（CE），得到了硫醚酰亚胺改性的双马来酰亚胺-三嗪树脂（SBT）。研究结果表明，与普通的双马来酰亚胺（BMI）改性的 CE 相比，SBT 具有更优异的加工性能、疏水性和热稳定性。37.5%（质量分数）SBMI/CE 复合材料的热分解温度（T_{d5}）为 414℃。另外，SBMI/CE 树脂还具备优异的力学性能，拉伸强度和弯曲强度最大可分别提升至 431.2MPa、631.5MPa。

（2）热塑性材料改性 BT

热塑性材料通常用来改善热固性树脂的韧性。基于 BT 树脂的脆性大、力学性能不佳等缺点，采用热塑性树脂增韧不失为一种优良的方法，但有时候也会因相容性不佳的问题而导致与热固性树脂产生相分离；同时，由于热塑性材料本身具有较低的分解温度，因此会进一步影响热固性材料的热稳定性能。

刘辉等[57]将聚苯醚（PPE）加入 BT 树脂中制备了 PPE/BT 树脂复合材料。研究发现，PPE 改性的 BT 树脂除了有较强的黏结性能之外，还具备优良的介电性能，PPE/BT 树脂复合材料的介电常数和介电损耗的最低值分别为2.76 和 0.0025。

李泽帅[58]利用热塑性聚碳酸酯材料改性 BT 树脂。研究结果表明，相比于BT 树脂体系，复合体系的力学性能得到有效改善，其拉伸强度、弯曲强度、冲击强度分别提升了 291.7%、31.8%、81.9%，且保持着优异的热稳定性。

（3）热固性材料改性 BT

热固性材料是一类具有高玻璃化转变温度、耐高温的有机高分子材料。目前，常见的热固性树脂主要有环氧树脂、苯并噁嗪树脂等。近年来，研究人员将其与 BT 树脂共混，获得了性能优异的三元复合材料。

Wang 等[59]以苯并噁嗪（BOZ）、氰酸酯（BADCy）和双马来酰亚胺树脂（BMI）为原料，制备了相容性良好的三元树脂共聚物（BOZ/BMI/BADCy），并进一步研究了 BOZ 对 BMI/BADCy 树脂化学结构和性能的影响。研究表明，在 BMI/BADCy 中加入适量的 BOZ 后，介电常数和介电损耗均降低，并保持良好的稳定性。同时，三元聚合物表现出韧性断裂，说明 BOZ 有效地改善了BMI/BADCy 树脂的力学性能。Wu 等[60]采用 4,5-环氧己烷-1,2-二羧酸二缩水甘油酯树脂（TDE-85）改性 BMI/BADCy 树脂体系。研究表明，与 BMI/BAD-Cy 树脂相比，20%（质量分数）TDE-85/BMI/BADCy 共聚物具有优异的力学性能，其冲击强度和弯曲强度分别可提升至 13.5kJ/m^2、148MPa。同时，还具备优异的介电性能。在频率为 10～60MHz 范围内，共聚物的介电常数、介电损耗保持良好的稳定性。

（4）无机纳米材料改性 BT

无机纳米材料改性热固性树脂成了当前比较热门的研究方向。目前，进行了大量利用无机纳米材料（如碳纳米管、二硫化钼、石墨烯、POSS、脱蒙土、SiO_2 等）改性 BT 树脂的研究。相比于前面三种改性方法，采用此种方法获得的复合材料表现出更优异的综合性能。

Li 等[61]采用氟化碳纳米管（F-MWCNTs）、双马来酰亚胺（BMI）、氰酸酯（CE）成功制备了 F-MWCNTs/BMI/CE 纳米复合材料。结果表明，与 BMI/CE 复合体系相比，F-MWCNTs 的加入有利于改善复合材料的力学性能和摩擦性能。当 F-MWNTs 的含量为 0.6%（质量分数）时，F-MWCNTs/BMI/CE 复合材料的冲击强度最高，摩擦系数最低，磨损率最低。

Wu 等[62]利用脱蒙土（OMMt）和双马来酰亚胺/氰酸酯（BMI/CE）共聚物成功制备了 OMMt/BMI/CE 纳米复合材料。研究结果表明，适量添加 OM-Mt 可以提高 BMI/CE 共聚物的力学性能和介电性能。SEM 分析表明，复合材料明显具有韧性断裂特征。在频率为 $10^1 \sim 10^6$ Hz 范围内，5.0%（质量分数）OMMt/BMI/CE 纳米复合材料的介电常数和介电损耗分别为 3.25～3.45 和 0.0038～0.0088。

1.4.5　聚酰亚胺树脂

聚酰亚胺是（polyimide，PI）是 20 世纪 60 年代开发的一类综合性能优异的热塑性材料，由聚酰胺酸脱水成环形成，结构中包含大量的高热稳定性的酰亚胺环。根据连接在酰亚胺环之间的结构单元分类，通常可将 PI 分为脂肪族 PI[63]、半芳香族 PI[64]、全芳香族 PI[65]三类。与脂肪族 PI 和半芳香族 PI 相比，全芳香族 PI 有优异的机械性能、高热稳定性（$T_{d5} > 400℃$）、优异的尺寸稳定性、抗腐蚀性和高绝缘性能等特点。由于 PI 的可设计性强、易合成、易加工，因此 PI 在电子工业中得到广泛研究[66]。

1.5　苯并噁嗪树脂的共混改性

苯并噁嗪树脂虽然具备良好的耐热性、绝缘性、阻燃性及低吸水率等特性，但是其交联密度较低，所以科研工作者采用其他高性能聚合物对其进行改性，如采用热固性树脂、热塑性树脂、橡胶、弹性体改性。

1.5.1　苯并噁嗪-环氧树脂

环氧树脂是目前市场上应用广泛的一种热固性树脂。环氧树脂是分子中含有两个及以上环氧基团的一类聚合物的总称。它是环氧氯丙烷与双酚 A 或多元醇的缩聚产物。由于环氧基的化学活性，可用多种含有活泼氢的化合物使其开环，固化交联生成网状结构。苯并噁嗪树脂在固化开环时会产生酚羟基，能够与环氧基团形成共聚，产生致密的交联结构，目前已经被广泛研究。张华等[67]研究了BOZ-a/E-44共混树脂体系，结果表明，树脂的固化温度降低，T_g最高值达到156℃，弯曲强度达到最大值169.8MPa。王成忠等[68]通过添加成碳剂且与玻璃纤维布结合制备出双酚A型苯并噁嗪树脂/环氧树脂耐高温防火复合材料。结果表明，树脂基体分解放热峰的峰值温度为670℃；当加入质量分数为5%的复配成碳剂时，树脂基体残碳率为68.83%；玻璃纤维增强的复合材料在1000℃火焰中燃烧15min后残碳率为25.82%。孙会岭等[69]研究了双环苯并噁嗪/环氧树脂共混体系，结果表明，双环苯并噁嗪单体黏度低；共混体系的热分解温度比纯苯并噁嗪提高37.6℃，固化反应活化能降低至77.61kJ/mol。

1.5.2 苯并噁嗪-聚苯醚树脂

聚苯醚（PPO或PPE）综合性能良好，优异的电绝缘性、耐水性以及耐磨性使其在电子设备领域应用广泛；因其本身的优良性能，在共混改性其他树脂方面也应用广泛。代三威等[70]发明了一种聚苯醚胶黏剂型覆铜板，其通过将低分子量的聚苯醚树脂（20～65质量份）、苯并噁嗪树脂（20～40质量份）以及其他树脂混合，所得到的覆铜板表现出优异的介电性能。周应先等[71]发明了一种树脂组合物以及使用它的预浸料和层压板，该树脂组合物包含环氧树脂改性聚苯醚树脂的预聚体和苯并噁嗪树脂，得到的树脂组合物具有优异的外观、耐热性、介电性能和剥离强度。

1.5.3 苯并噁嗪-氰酸酯树脂

氰酸酯所具有的优良物理与化学特性，使它可以作为一种良好的催化剂，用来改性其他基体树脂。Kumar等[72]研究了苯并噁嗪-氰酸酯共混树脂的介电性能，结果表明，介电性能到了改善。Kimura等[73]研究了双酚A型苯并噁嗪与氰酸酯树脂的固化反应及热固性树脂的性能，结果表明，固化物在耐热性能、介电性能以及玻璃化转变温度方面都得到了提高。Lin等[74]研究了双酚A型氰酸酯与二氨基苯并噁嗪共混体系的相容性、微观结构、热性能和介电性能。当双酚A型氰酸酯与二氨基苯并噁嗪的比例为2:8时，DMA测试显示T_g从194℃提高到了247℃，残碳率也达到了43%，介电常数从3.44（1Gz）降低到2.75（1Gz）。

1.6 无机纳米粒子改性

无机纳米粒子在改性聚合物方面已经有大量研究，但在降低介电常数方面，研究者们考虑最多的还是多孔物质，因为空气的介电常数为 1，多孔物质自身的空间结构可大大降低材料本身的介电常数，而非多孔类电介质材料很难达到 2.0 以下的介电常数。因此，越来越多的研究者将目光集中在多孔低介电常数材料的研究上，制备聚苯并噁嗪多孔薄膜就成为降低其介电常数的一种有效方法。Su 等[75]利用 ε-己内酯与双酚 A 型苯并噁嗪共聚，随后在 $NaHCO_3$ 溶液中加热，使 ε-己内酯分解，得到纳米多孔聚苯并噁嗪。研究表明，当共聚物中含 25% 的 ε-己内酯时，所得纳米多孔聚苯并噁嗪的介电常数最低可达 1.95。但这种方法制备路线复杂，而且会伴随着聚苯并噁嗪薄膜机械强度的下降。此外，降解成孔的方法还可能产生孔洞塌陷、串联和分布不均匀等问题。

因此，目前制备多孔材料的主要方法是利用带有孔隙结构的无机材料与聚合物共混共聚，这种方法不仅制备简单，而且能够避免降解成孔的缺陷。

1.6.1 笼型多面体低聚半硅氧烷

笼型多面体低聚倍半硅氧烷（polyhedral oligomeric silsesquioxanes，POSS），是一类结构简式为 $(RSiO_{1.5})_n$（$n=6$，8，10，12 或更大的偶数）的纳米材料。其中 R 可以是氢原子，或是任意烷基、烯基、芳基或这些基团的有机官能团衍生物[76-78]。POSS 内部含有 Si/O 无机三维结构内核，其笼型骨架的顶点由硅原子占据，每个硅原子可以连接一个有机基团，氧原子则分布在笼子棱的中间。POSS 有着类似于二氧化硅的结构，可归为二氧化硅类最小的颗粒之一，分子大小约在 1~3nm 之间，具有小分子的一般性质，如完整的分子结构式、精确的分子量和易溶于普通溶剂等。Si—O—Si 无机骨架赋予其无机硅酸盐耐高温的性质，而有机官能团使其具有类有机化合物的性质，是连接两类材料的桥梁。POSS 的代表性结构是八面体低聚倍半硅氧烷，又称 T_8，如图 1.7 所示[79-82]。

① 较低的介电常数。POSS 是对称的笼型，中空笼型结构密度低，气体渗透性好，含有大量的空气，而空气几乎是介电常数最低的介质（$\varepsilon \approx 1$），这使得 POSS 拥有较低的介电常数（2.1~2.8）[83]。POSS 添加到聚合物中后，将引入大量的纳米孔隙，从而显著降低树脂基体的介电常数。

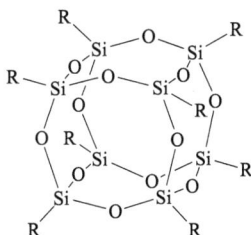

图 1.7　八面体低聚倍半硅氧烷的化学结构

②　优越的耐热性。POSS 的内核为无机硅氧骨架，外部由有机基团包围，属于有机-无机分子内杂化体系，具有无机材料的特性。因此 POSS 在高温下相当稳定，将其作为填料与高聚物共混，能有效提高材料的热稳定性。POSS 纳米填料甚至能在超过聚合物初始分解温度时稳定存在，在高温下，对氧稳定的 POSS 链能保持不变，能在氧化的有机分子表面形成一层阻隔层。关于 POSS 优越的热稳定性，有大量关于苯基 POSS 的研究报道，当加热速度为 $10\sim20℃/min$ 时，其在空气中的初始分解温度为 $480\sim500℃$，并且在 $550℃$ 时失重 5%。而甲基 POSS 的初始分解温度低于苯基 POSS，在空气中加热速度为 $5℃/min$ 时，它的分解温度约为 $400℃$，而在 N_2 中初始分解温度为 $660℃$，在 $900℃$ 热失重仅 7%。

③　良好的相容性。POSS 无机核周围连接着有机官能团，能通过化学反应连接上各种活性或惰性基团，赋予其更多反应性与功能性。因此 POSS 能溶于普通有机溶剂如二氯甲烷、甲苯及四氢呋喃，同时能与有机高聚物进行化学共混，POSS 的化学基团与高聚物发生化学反应，从而提高二者相容性，能较好地解决纳米粒子团聚的问题，使制备工艺变得简单。

④　稳定的力学性能。无机刚性骨架使 POSS 往往具有稳定的力学性能，添加到聚合物中能明显提高材料的力学性能。树脂基体的刚性得到改善的同时，还能大幅度提升韧性。POSS 属于刚性纳米粒子，能起到有一定的增韧作用，POSS 的分子尺寸与微观裂纹大小相当，可以抑制裂纹扩散，在某种程度上能有助于裂纹愈合。

⑤　纳米尺寸效应。八面体低聚倍半硅氧烷为纳米分子，Si-Si 原子之间的距离为 $0.5nm$，Si 原子与连接的有机官能团的距离为 $1.5nm$。因此 POSS 具有纳米效应，包括小尺寸效应、量子尺寸效应以及表面与界面效应。这些效应往往使 POSS 表现出特殊的光学性能、力学性能、介电性能以及声学性质。随着比表面积的增加而具有较高化学活性，POSS 添加到聚合物体系中，能改善其综合性能。

苯并噁嗪树脂虽然具备优良的性能，但对其性能的进一步提高也是必要的。目前已经有大量文献报道合成出了多种含不同基团的 POSS 化合物，其在改性苯并噁嗪树脂方面也有报道。包涵等[84]对有机锡低聚倍半硅氧烷（DOSn-Bu）催化固化双酚 A 型苯并噁嗪树脂进行了研究，结果表明当 DOSn-Bu 加入量在 2%（质量分数）以内时，该树脂表现出了优异的性能。张彩丽等[85]对含金属钛 POSS 催化固化苯并噁嗪树脂进行了研究，结果表明 POSS-Ti 的加入显著地降低了苯并噁嗪树脂的固化温度。李玲君等[86]对聚苯并噁嗪/环氧基 POSS 复合材料进行了性能研究，结果表明，环氧基 POSS 的加入使得苯并噁嗪树脂的热性能以及机械性能都有提高。这些 POSS 化合物在改性苯并噁嗪树脂方面，大部分只是关注到热性能以及机械性能，而介电性能方面少有关注。因此，制备出的苯并噁嗪树脂在保持优良的热性能以及机械性能的同时，又有着低的介电常数是目前需要着重研究的。

Wu 等[87]在半芳香族聚酰亚胺中引入了体积较大的双层型 POSS，复合材料的介电常数降至 2.36。Wang 等[88]将三种不同尺寸的乙烯基 POSS（$T_8 V_8$、$T_{10} V_{10}$ 和 $T_{12} V_{12}$）引入聚（双环戊二烯）（PDCPD）中，发现添加高含量且较大的 POSS（即 $T_{12} V_{12}$ 的质量分数为 7%）可使 PDCPD 在 1kHz 时的 ε 值从 2.54 降低到 2.10。体积较大的 POSS 是制备高性能低介电纳米复合材料更好的纳米填料，如图 1.8 所示。此外，界面区域被认为是精确控制复合材料介电性能的关键。用某些官能团改性的 POSS 可以在分子水平上增强其在基体树脂中的分散性，从而提高界面相容性[76-77]。Min 等[89]报道，POSS 纳米填料在环氧树脂中分散良好，EP/POSS 复合材料的介电常数为 3.4。Zhang 等[90]用苯并噁唑改性的 $[PhSiO_{1.5}]_8$（OPS）苯并噁嗪（OPS-Bz）制备了 POSS/聚苯并噁嗪（PBz）复合材料，并且因 POSS 在聚合物基体中的高分散性而得到了较低的介电常数。Liu 等[91]得出了聚苯乙烯/POSS 的介电常数和界面面积之间具有高度相关性的结论，并揭示了界面效应在降低介电常数中的关键作用。

1.6.2 金属有机骨架

金属有机骨架（MOFs，metal organic frameworks）是由金属离子或金属团簇与供电子有机配体通过配位键连接形成的一类具有二维或三维结构的多孔聚合物[91]，其合成示意图如图 1.9 所示[92]。20 世纪 60～70 年代，有关 MOFs 的研究被首次报道[93-94]。由于 MOFs 具有结构可调、孔径可控、高比表面积、高孔隙率、高化学稳定性及高催化活性等特点，大量研究者开始对其进行研究。近年来，MOFs 在气体吸附储存、化学分离、催化、质子传导、药物传递和生

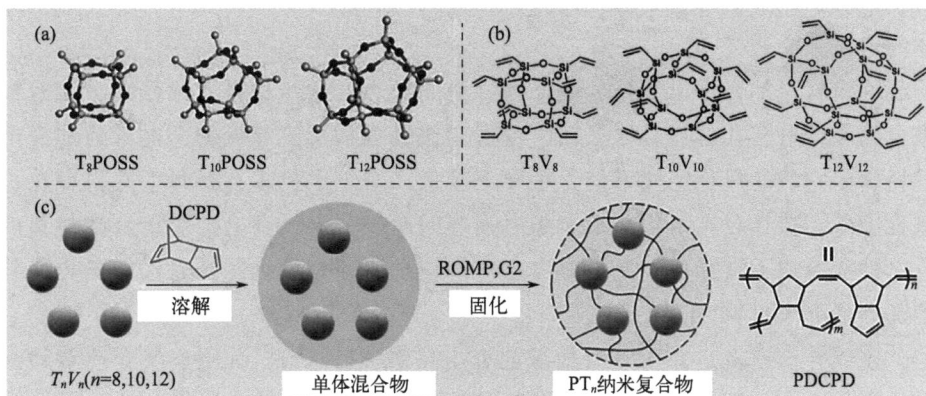

图 1.8 T_8POSS、$T_{10}POSS$ 和 $T_{12}POSS$ 的代表性 3D 结构（a），T_8V_8、$T_{10}V_{10}$ 和 $T_{12}V_{12}$ 的化学结构（b）以及 PT_n（n= 8,10,12）纳米复合材料的制备路线（c）

物医学成像等方面的应用得到了广泛研究[95-99]。

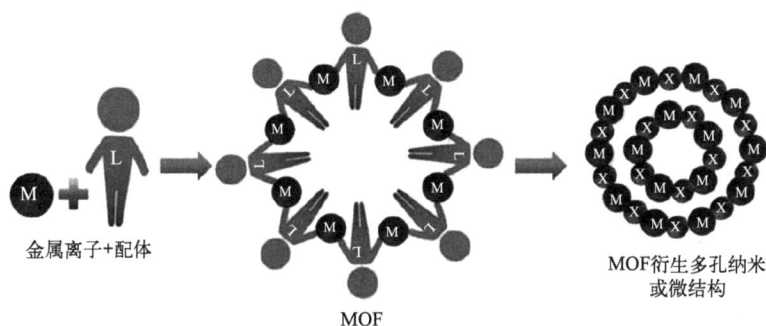

图 1.9 MOFs 的合成示意图

在过去几十年里，研究者们已经开发出了不同类型的 MOFs 材料。然而，对于这类材料的命名却没有确定的标准。现今，MOFs 材料的命名主要有四种方式：一种是按照 MOFs 的定义来命名，由于 MOFs 是通过金属离子或金属簇与有机连接单元配位构成的多孔聚合物材料，故 MOFs 又被称为多孔配位聚合物（porous coordination polymer，PCP）[100]、微孔配位聚合物（microporous coordination polymer，MCP）[101]、多孔配位网状聚合物（porous coordination network polymer，PCN）[102]；随着对 MOFs 研究的不断深入，开始出现了根据合成材料的机构对 MOFs 进行命名，主要有 HKUST-n（Hong-Kong University of Science and Technology）[103]、MIL-n（Materials of Institut Lavoisier）[104]、UiO-n（University of Oslo）[105] 几大类 MOFs 材料；第三类则是以合成材料的属性来命名，如典型的沸石咪唑类分子筛骨架 ZIF-n（zeolitic imidazolate)[106]。除了上述三种命名方式以外，还可以根据金属离子和有机配体的组成来命名[107-108]。

许多材料都有作为低介电聚合物材料的潜力，这些材料大致分为致密有机聚合物和无机多孔材料。尽管一些致密有机聚合物具有超低的介电常数和介电损耗，但它们的热稳定性不佳，热导率较低。对于无机多孔材料，其也存在机械强度低、孔径分布不均、亲水能力强等问题，一定程度上会对聚合物材料的介电性能造成不良影响。为了解决这一问题，研究者们试图开发性能更为优异的新型低介电材料。

空气介质或真空介质具有最低的介电常数（$\varepsilon = 1$）。利用空气介质替代固体绝缘材料为新型低介电聚合物材料的获得提供了新途径。尽管 MOFs 的化学结构与电学效应之间的关系尚不清楚，然而，MOFs 在光电领域中的研究却有重要意义。MOFs 的有序骨架和刚性有机链段使之比其他多孔聚合物拥有更好的化学稳定性和机械稳定性，这让 MOFs 在电子电气领域有着巨大的应用潜力。近年来，MOFs 在低介电领域的研究有了新发现。Zagorodniy 等[109]首次使用 Clausius-Mossotti 模型计算了大约 30 种 MOFs 的介电常数。研究表明，在众多金属氧化物中，存在介电常数低、弹性模量高的 MOFs 材料。Krishtab 等[110]采用化学气相沉积方法（MOF-CVD）将沸石咪唑型锌基金属有机骨架（ZIF-8）的前驱体填充到金属互连之间的间隙处，通过金属氧化物前驱体与有机连接剂的气固反应转化为 MOF 膜。研究结果表明，与 OSG（多孔有机硅玻璃）相比，MOF-CVD 显示出更优异的介电性能和机械特性。Xu 等[111]成功制备了一种具有三维结构的金属有机框架化合物$[NH_2(CH_3)_2]_2[Zn_3(bpdc)_4]\cdot$ 3DMF。研究表明，该金属有机骨架具有超低的介电常数。在频率为 100kHz 时，介电常数为 1.80。综上所述，部分 MOFs 材料具有超低介电常数和优异的热力学稳定性。根据国际半导体技术发展路线图（ITRS），在不久的将来，多孔聚合物材料将取代目前的低介电材料（SiO_2），MOFs 在集成电路领域中的研究应用迎来了新机遇。

1.6.3　中空二氧化硅

二氧化硅作为一种环保型无机填料受到人们关注，但随着新材料的发展，实心二氧化硅存在着密度较大、比表面积小等缺点[112]。中空二氧化硅（HSMs）由于其特殊的中空结构，在药物传输[113]、催化[114]、气体吸附[115]等领域被广泛使用。此外，由于其尺寸稳定性好、耐热性高、化学惰性高、具有空腔结构（空气的介电常数极低，约为 1），被认为是一种良好的低介电常数填料[116]。徐健行[117]将 HSMs 添加至聚酰亚胺树脂中，在加入量为 15%（质量分数）、10kHz 时，介电常数由纯 PI 的 3.4 下降至 2.65。当前，将中空二氧化硅引入树脂基体中，已成为制备高性能低介电常数复合材料的一种新方法。

（1）中空二氧化硅的制备

当前制备中空二氧化硅最常见的方法为模板法[118]。Vu 等[119]合成了聚苯乙烯并将其用作模板，四氢呋喃、乙醇、氨水等为溶剂，以十六烷基三甲基溴化铵（CTAB）为活性剂，通过沉淀法制备出中空二氧化硅。研究还发现，可以通过调节聚苯乙烯、CTAB 的浓度来控制中空二氧化硅尺寸大小。该研究制备出了粒径在 140～560nm 之间的球形中空二氧化硅。Cao 等[120]使用正硅酸乙酯（TEOS）为硅源，氧化锌（ZnO）颗粒作为胶体模板，在室温下通过溶胶-凝胶法，成功制备了一种六边形中空二氧化硅颗粒。通过调节反应时间可以控制中空二氧化硅颗粒的结构和形态，通过调节 TEOS/ZnO 摩尔比，可以将二氧化硅壳的厚度控制在 12.2～43.2nm 范围内，制备出的二氧化硅颗粒具有独特的六边形形状，且内部具有较大的空腔。与此类似的是，Akhondi 等[121]使用聚苯乙烯/聚乙烯亚胺（PS@PEI）作为模板，氨水、乙醇作为溶剂，TEOS 作为硅源，通过调节模板在溶剂中的浓度，制备出球形和立方体两种中空二氧化硅，在较低浓度下为球形，直径为 63nm，壳厚 27nm，高浓度下为立方体，直径为 830nm，壳厚 333nm。当前，可以选择不同形状的模板，通过调节模板浓度、引发剂浓度、硅源浓度等调节中空二氧化硅的形状和尺寸大小。

（2）中空二氧化硅功能化

中空二氧化硅虽然具有诸多优点，但大量添加至树脂基体中时，会出现团聚现象，这主要是由于中空二氧化硅表面含有大量的硅羟基（—SiOH）[122]，利用共价键或分子间相互作用等能对中空二氧化硅表面进行修饰，引入不同功能的有机基团，从而发挥中空二氧化硅更多的优越性[123]，特别是与树脂基体结合时，改性的中空二氧化硅能提高与树脂的界面结合能力，从而提高树脂力学性能等。Huang 等[124]将 $1H,1H,2H,2H$-全氟癸基三乙氧基硅烷嫁接到中空二氧化硅上，制备出氟化中空二氧化硅，其具有疏水性较强、分散性好、热稳定性高等特点，在添加 2%（质量分数）至聚酰亚胺时，复合材料介电常数显著降低至 2.61 的同时仍保持良好的热稳定性，且其吸水率由 3.1% 降至 2.1%。Jiao 等[125]以 γ-氨丙基三乙氧基硅烷（APTES）和 G-POSS 嫁接到中空二氧化硅上，制备出新型无机-有机功能化中空二氧化硅，研究发现，当该中空二氧化硅添加 5%（质量分数）至 EP 树脂中时，其介电常数从 4.03 降至 3.66，冲击强度、弯曲模量、T_g 等都有显著提高。因此，当前中空二氧化硅在作为低介电常数填料时，需进行表面改性以提高其在树脂中的分散性。

参考文献

[1] 杨军. 新型苯并环丁烯（BCB）单体的合成及其树脂性能研究 [D]. 上海：复旦大学，2012：114.

[2] 张洪文. 热固性低介电常数 PCB 基材 [J]. 覆铜板资讯，2010（06）：23-27.

[3] 张洪文. 高玻璃化温度、低介电常数、低介质损耗 PCB 基材研制 [J]. 覆铜板资讯，2016，101（06）：24，45-50.

[4] 张洪文. 一种低 D_k/D_f、低 PIM 的 PCB 基材 [J]. 覆铜板资讯，2017（03）：51-56.

[5] Baer E, Zhu L. 50th anniversary perspective：Dielectric phenomena in polymers and multi-layered dielectric films [J]. Macromolecules，2017，50（6）：2239-2256.

[6] Volksen W, Miller R D, Dubois G. Low dielectric constant materials [J]. Chemical Reviews，2010，110（1）：56-110.

[7] Hoefflinger B. ITRS：The international technology roadmap for semiconductors [J]. Springer Nature Link，2011，28：161-174.

[8] Wu Y, Chen Z, Ji J. Multifunctional polyimides by direct silyl ether reaction of pendant hydroxy groups：Toward low dielectric constant，high optical transparency and fluorescence [J]. European Polymer Journal，2020，132：109742.

[9] Zhang Y, Geng Z. Preparation and applications of low-dielectric constant poly aryl ether [J]. Advanced Industrial and Engineering Polymer Research，2020，3（4）：175-185.

[10] Liu X Y, Xu X, Liu Z. Synthesis and characterization of novel fluorinated naphthalene-based poly（arylene ether ketone）s with low dielectric constants [J]. Journal of Materials Science：Materials in Electronics，2019，30（17）：16369-16375.

[11] Wang Z, Zhang M, Han E. Structure-property relationship of low dielectric constant polyimide fibers containing fluorine groups [J]. Polymer，2020，206：122884.

[12] Chen Z, Zhou Y, Wu Y. Fluorinated polyimide with polyhedral oligomeric silsesquioxane aggregates：Toward low dielectric constant and high toughness [J]. Composites Science and Technology，2019，181（8）：107700.1-107700.7.

[13] Zhao X, Wang X, Lin H. Relationships between lattice energy and electronic polarizability of $A^N B^{8-N}$ crystals [J]. Optics Communications，2010，283（9）：1668-1673.

[14] 张玉荣. 含三氟甲基低介电常数高分子材料的制备及性能研究 [D]. 长春：吉林大学，2019.

[15] Chao Q，Guo Z. A facile strategy for non-fluorinated intrinsic low-k and low-loss dielectric polymers：Valid exploitation of secondary relaxation behaviors [J]. Chinese Journal of Polymer Science，2020，38（03）：213-219.

[16] Dong F，Li H，Lu L. Superhydrophobic and low-k polyimide film with porous interior structure and hierarchical surface morphology [J]. Macromolecular Materials and Engineering，2019，304（10）：1900252.

[17] 汪雷．低介电系数的多孔性氧化硅/CE 复合材料的研究 [D]. 西安：西北工业大学，2015.

[18] Wei J，Zhu L. Intrinsic polymer dielectrics for high energy density and low loss electric energy storage [J]. Progress in Polymer Science，2020，106：101254.

[19] Maex K，Baklanov M R，Shamiryan D，et al. Low dielectric constant materials for micro-electronics [J]. Journal of Applied Physics，2003，93（11）：8793-8841.

[20] Miller K J，Hollinger H B，Grebowicz J，et al. On the conformations of poly（p-xylylene）and its mesophase transitions [J]. Macromolecules，1990，23（16）：3855-3859.

[21] Gu J，Dong W，Tang Y，et al. Ultra-low dielectric fluoride-containing cyanate ester resins combining with prominent mechanical properties and excellent thermal & dimension stabilities [J]. Journal of Materials Chemistry C，2017，5：6929-6936.

[22] He D Q，Wang Z，Long J P，et al. Preparation of fluorinated graphene oxide/polyimide composites with low dielectric constant and moisture resistance [J]. Nano Brief Reports and Reviews，2018，13（08）：1850098.

[23] Fang L，Zhou J，Wang J，et al. A bio-based allylphenol（eugenol）-functionalized fluorinated maleimide with low dielectric constant and low water uptake [J]. Macromolecular Chemistry and Physics，2018，219（20）：1800252.

[24] Qian C，Bei R，Zhu T，et al. Facile strategy for intrinsic low-k dielectric polymers：Molecular design based on secondary relaxation behavior [J]. Macromolecules，2019，52（12）：4601-4609.

[25] Lv P，Dong Z，Dai X，et al. Flexible polydimethylsiloxane-based porous polyimide films with ultralow dielectric constant and remarkable water resistance [J]. ACS Applied Polymer Materials，2019，1（10）：2597-2605.

[26] Kourakata Y，Tsunenobu O，Hitoshi K，et al. Ultra-low dielectric properties of porous polyimide thin films fabricated by using the two kinds of templates with different particle sizes [J]. Polymer，2020，212：123115.

[27] Wu Z，Zhao L Z，Qi L，et al. Improved cyanate resin with low dielectric constant and high toughness prepared using inorganic-organic hybrid porous silica [J]. Chemistry Letters，2017，46（1）：139-142.

[28] Zhang S，Yan Y，Li X，et al. A novel ultra low-k nanocomposites of benzoxazinyl modified polyhedral oligomeric silsesquioxane and cyanate ester [J]. European Polymer Journal，

2018，103：124-132.

[29] Purushothaman R，Vaitinadin H S. Inclusion of covalent triazine framework into fluorina-ted polyimides to obtain composites with low dielectric constant [J]. Journal of Applied Polymer Science, 2020，137 (37)：49083.

[30] 龚永林. 新产品新技术 (144) [J]. 印制电路信息, 2019 (6)：67.

[31] 刘林发. 芯片铜互连电镀添加剂浓度对镀层性能的影响 [J]. 集成电路应用, 2019 (6)：67.

[32] 王琦玲，赵勃. 新型酚醛树脂-苯并噁嗪的研究进展 [J]. 当代化工研究，2011 (06)：6-8.

[33] Xin N，Ishida H. Phenolic materials via ring-opening polymerization of benzoxazines：effect of molecular structure on mechanical and dynamic mechanical properties [J]. J Polym Sci Part B，Polymer Physics，1994 (32)：921-927.

[34] Ishida H，Allen D J. Physical and mechanical characterization of near zero shrinkage poly-benzoxazines [J]. J of Poym Sci Part B，Polymer Physics，1996，34 (6)：1019-1030.

[35] Russell V M，Koenig J L，Low H Y. Study of the characterization and curing of phenyl benzoxazines using 13N solid-state nuclear magnetic resonance spectroscopy [J]. J of Appl Polym Sci，1998 (170)：1401-1411.

[36] Shen S B，Ishida H. Dynamic mechanical and thermal characterization of high-performance polybenzoxazines [J]. J of Polym Sci Part B，1999，37 (23)：3257-3268.

[37] Ishida H. Curing kinetics of new benzoxzine-based phenolic resin by differential scanning calorimetry [J]. Polymer，1995 (36)：3151-3158.

[38] Wang Y X，Ishida H. Cationic ring-opening polymerization of benzoxazine [J]. Polymer，1999 (40)：4563-4570.

[39] Gao K. Kinetics of epoxy resins formation from bisthenol-A，tetrabromo bisphenol-A，and epichlorohydin [J]. J of Appl Polym Sci，1993 (49)：2003-2007.

[40] 曾鸣，王洛礼，刘景民. 苯并噁嗪树脂的研究进展 [J]. 石化技术与应用，2000，18 (02)：103-107.

[41] 顾宜，鲁在君，谢美丽. 开环聚合酚醛树脂与纤维增强复合材料 [P]：CN94111852.5. 1994-07-29.

[42] Rimdusit S，Ishida H. Development of new class of electronic packaging materials based on ternary systems of benzoxazine [J]. Epoxy and phenolic Resins，2000 (41)：7941-7949.

[43] Ye X，Li J，Zhang W，et al. Fabrication of eco-friendly and multifunctional sodium-contai-ning polyhedral oligomeric silsesquioxane and its flame retardancy on epoxy resin [J]. Composites Part B：Engineering，2020，191：107961.

[44] Yang G，Li J，Ohki Y，et al. Dielectric properties of nanocomposites based on epoxy resin and HBP/plasma modified nanosilica [J]. AIP Advances，2020，10：045015.

[45] Florea N M，Lungu A，Badica P，et al. Novel nanocomposites based on epoxy resin/epox-y-functionalized polydimethylsiloxane reinforced with POSS [J]. Composites Part B：

Engineering, 2015, 75: 226-234.

[46] Han X, Yuan L, Gu A, et al. Development and mechanism of ultralow dielectric loss and toughened bismaleimide resins with high heat and moisture resistance based on unique amino-functionalized metal-organic frameworks [J]. Composites Part B: Engineering, 2018, 132: 28-34.

[47] Constantin F, Gârea S A, Iovu H, et al. The influence of organic substituents of polyhedral oligomeric silsesquioxane on the properties of epoxy-based hybrid nanomaterials [J]. Composites Part B: Engineering, 2013, 44: 558-64.

[48] Qin P, Yi D, Hao J, et al. Fabrication of melaminetrimetaphosphate 2D supermolecule and its superior performance on flame retardancy, mechanical and dielectric properties of epoxy resin [J]. Composites Part B: Engineering, 2021, 225: 109269.

[49] Liu Z, Fan X, Zhang J, et al. Improving the comprehensive properties of PBO fibres/cyanate ester composites using a hyperbranched fluorine and epoxy containing PBO precursor [J]. Composites Part A: Applied Science and Manufacturing, 2021, 150: 106596.

[50] Zhang M, Yan H, Yuan L, et al. Effect of functionalized graphene oxide with hyperbranched POSS polymeron mechanical and dielectric properties of cyanate ester composites [J]. RSC Advances, 2016, 6: 38887-38896.

[51] 祝大同. PCB 基板材料用 BT 树脂 [J]. 热固性树脂, 2001, 3: 38-43.

[52] Liu X Y, Yu Y F, Li S J. Study on cure reaction of the blends of bismaleimide and dicyanate ester [J]. Polymer, 2006, 47 (11): 3767-3773.

[53] 杨洁. DBA 改性双马来酰亚胺-氰酸酯树脂介电性能的研究 [D]. 成都电子科技大学, 2018.

[54] 李朋博. 氧化石墨烯/双马-三嗪树脂复合材料的制备与性能研究 [D]. 西安: 西北工业大学, 2018.

[55] Hwang H J, Li C H, Wang C S. Dielectric and thermal properties of dicyclopentadiene containing bismaleimide and cyanate ester. Part Ⅳ [J]. Polymer, 2006, 47 (4): 1291-1299.

[56] Ma P, Dai C, Jiang S. Thioetherimide-modified cyanate ester resin with better molding performance for glass fiber reinforced composites [J]. Polymers, 2019, 11 (9): 1458.

[57] 刘辉, 王耀先, 程树军. 聚苯醚改性双马来酰亚胺三嗪树脂及其复合材料性能研究 [J]. 塑料工业, 2009, 37 (02): 7-10.

[58] 李泽帅. BMI/CE 树脂及其复合材料的制备与性能研究 [D]. 天津: 河北科技大学, 2016.

[59] Wang Y, Kou K, Wu G, et al. The curing reaction of benzoxazine with bismaleimide/cyanate ester resin and the properties of the terpolymer [J]. Polymer, 2015, 77: 354-360.

[60] Wu G, Kou K, Chao M, et al. Preparation and characterization of bismaleimide-triazine/epoxy interpenetrating polymer networks [J]. Thermochimica Acta, 2012, 537: 44-50.

[61] Li P, Li T, Yan H. Mechanical, tribological and heat resistant properties of fluorinated multi-walled carbon nanotube/bismaleimide/cyanate resin nanocomposites [J]. Journal of Materials Science & Technology, 2017, 33 (10): 1182-1286.

[62] Wu G, Cheng Y, Wang K, et al. Fabrication and characterization of OMMt/BMI/CE composites with low dielectric properties and high thermal stability for electronic packaging [J]. Journal of Materials Science: Materials in Electronics, 2016, 27 (6): 5592-5599.

[63] Mathews A S, Jung Y, Lee T, et al. Microstructure and properties of fully aliphatic polyimide/mesoporous silica hybrid composites [J]. Macromolecular Research, 2009, 17: 638-645.

[64] Chen Z, Zhang S, Feng Q, et al. Improvement in mechanical and thermal properties of transparent semi-aromatic polyimide by crosslinking [J]. Macromolecular Chemistry and Physics, 2020, 221 (12): 2000085.

[65] Zhou H, Zheng S, Qu C, et al. Simple and environmentally friendly approach for preparing high-performance polyimide precursor hydrogel with fully aromatic structures for strain sensor [J]. European Polymer Journal, 2019, 114: 346-352.

[66] 杨煜培, 莫钦, 熊林颖, 等. 多孔结构聚酰亚胺基介电材料研究进展 [J]. 工程塑料应用, 2020, 48 (10): 157-161.

[67] 张华, 朱蓉琪, 顾宜. 苯并噁嗪/环氧树脂共混体系性能研究 [C]. 玻璃钢/复合材料学术年会, 2010: 59-62.

[68] 王成忠, 魏程, 谌广昌. 苯并噁嗪/环氧树脂基耐高温防火复合材料的制备与性能研究 [J]. 北京化工大学学报: 自然科学版, 2015 (03): 58-63.

[69] 孙会岭, 焦玉春, 徐丽. 双环苯并噁嗪的制备及其与环氧树脂共混体系性能研究 [J]. 河南化工, 2016, 33 (03): 19-22.

[70] 代三威, 黄杰, 吴学明. 一种聚苯醚胶黏剂及其覆铜板的制备方法: CN104263306A [P]. 2014-09-26.

[71] 周应先, 何岳山. 一种树脂组合物以及使用它的预浸料和层压板: CN105419348A [P]. 2016-01-18.

[72] Kumar K S S, Nair C P R, Ninan K N. Investigations on the cure chemistry and polymer properties of benzoxazine-cyanate ester blends [J]. European Polymer Journal, 2009 (45): 494-502.

[73] Kimura H, Ohtsuka K, Matsumoto A. Curing reaction of bisphenol——A based benzoxazine with cyanate ester resin and the properties of the curedthermosetting resin [J]. Express Polymer Letters, 2011 (5): 1113-1122.

[74] Lin C H, Huang S J, Wang P J, et al. Miscibility, microstructure, and thermal and dielectric properties of reactive blends of dicyanate ester and diamine-based benzoxazine [J]. Macromolecules, 2012, 45 (18): 7461-7466.

[75] Su Y C, Chen W C, Ou K L, et al. Study of the morphologies and dielectric constants of

nanoporous materials derived from benzoxazine-terminated poly（ε-caprolactone）/ polybenzoxazine co-polymers [J]. Polymer, 2005, 46（11）: 3758-3766.

[76] Zhao Y, Yuan M, Wang L, et al. Preparation of bio-based polybenzoxazine/pyrogallol/ polyhedral oligomeric silsesquioxane nanocomposites: Low dielectric constant and low curing temperature [J]. Macromolecular Materials and Engineering, 2021, 307（3）: 2100747.

[77] Laird M, van der Lee A, Dumitrescu D G, et al. Styryl-functionalized cage silsesquioxanes as nanoblocks for 3-D assembly [J]. Organometallics, 2020, 39: 1896-1906.

[78] Xu Z, Zhao Y, Wang X, et al. A thermally healable polyhedral oligomeric silsesquioxane （POSS）nanocomposite based on Diels-Alder chemistry [J]. Chem Commun（Camb）, 2013, 49: 6755-6757.

[79] Imai K, Kaneko Y, et al. Preparation of ammonium-functionalized polyhedral oligomeric silsesquioxanes with high proportions of cagelike decamer and their facile separation [J]. Inorg Chem, 2017, 56: 4133-4140.

[80] Nagao M, Hayashi T, Imoto H, Naka K, et al. Unsymmetric dumbbell-shaped polyhedral oligomeric silsesquioxane（POSS）compound as a single-component POSS hybrid [J]. Langmuir, 2021, 37: 14777-14784.

[81] Konnertz N, Böhning M, Schönhals A. Dielectric investigations of nanocomposites based on Matrimid and polyhedral oligomeric phenethyl-silsesquioxanes（POSS）[J]. Polymer, 2016, 90: 89-101.

[82] Ervithayasuporn V, Chimjarn S, et al. Synthesis and isolation of methacrylate-and acrylate-functionalized polyhedral oligomeric silsesquioxanes（T_8, T_{10}, and T_{12}）and characterization of the relationship between their chemical structures and physical properties [J]. Inorg Chem, 2013, 52: 13108-13112.

[83] Dong F, Zhao P, Dou R, et al. Amine-functionalized POSS as cross-linkers of polysiloxane containing γ-chloropropyl groups for preparing heat-curable silicone rubber [J]. Materials Chemistry and Physics, 2018, 208: 19-27.

[84] 包涵, 张月, 唐慧敏. 有机锡低聚倍半硅氧烷催化固化双酚 A 型苯并噁嗪树脂结构与性能研究 [J]. 高分子学报, 2019, 50（1）: 55-61.

[85] 张彩丽, 周莲, 徐日炜, 等. 含金属钛 POSS 的合成、表征及其催化噁嗪树脂固化行为的研究 [C]. 2013 年全国高分子学术论文报告会, 2013.

[86] 李玲君, 徐日炜, 吴一弦. 聚苯并噁嗪/环氧基笼型倍半硅氧烷复合材料的性能研究 [J]. 化工新型材料, 2009（02）: 34-36.

[87] Wu S, Hayakawa T, Kikuchi R, et al. Synthesis and characterization of semiaromatic polyimides containing POSS in main chain derived from double-decker-shaped silsesquioxane [J]. Macromolecules, 2008, 41: 3481-3487.

[88] Wang J, Zhou D L, Lin X, et al. Preparation of low-k poly（dicyclopentadiene）nanocom-

posites with excellent comprehensive properties by adding larger POSS [J]. Chemical Engineering Journal, 2022, 439: 135737.

[89] Min D, Cui H, Hai Y, et al. Interfacial regions and network dynamics in epoxy/POSS nanocomposites unravelling through their effects on the motion of molecular chains [J]. Composites Science and Technology, 2020, 199: 108329.

[90] Zhang K, Zhuang Q, Liu X, et al. A new benzoxazine containing benzoxazole-functionalized polyhedral oligomeric silsesquioxane and the corresponding polybenzoxazine nanocomposites [J]. Macromolecules, 2013, 46: 2696-2704.

[91] Liu L, Yuan Y, Huang Y, et al. A new mechanism for the low dielectric property of POSS nanocomposites: The key role of interfacial effect [J]. Phys Chem Chem Phys, 2017, 19: 14503-14511.

[92] Yaghi O M, O'Keeffe M, Ockwig N W, et al. Reticular synthesis and the design of new materials [Review] [J]. Nature, 2003, 423 (6941): 705-714.

[93] Indra A, Song T, Paik U. Metal organic framework derivedmaterials: Progress and prospects for the energy conversion and storage [J]. Advanced Materials, 2018, 30 (39): 1705146.

[94] Block B P, Rose S H, Schaumann C W, et al. Coordination polymers with inorganic backbones formed by double-bridging of tetrahedral elements [J]. Journal of the American Chemical Society, 1962, 84 (16): 3200-3201.

[95] Knobloch F W, Rauscher W H. Coordination polymers ofcopper (Ⅱ) prepared at liquid-liquid interfaces [J]. Journal of Polymer Science, 1959, 38 (133): 261-262.

[96] Fracaroli A M, Furukawa H, Suzuki M, et al. Metal-organic frameworks with precisely designed interior for carbon dioxide capture in the presence of water [J]. Journal of the American Chemical Society, 2014, 136 (25): 8863-8866.

[97] Banerjee D, Simon C M, Plonka A M, et al. Metal-organic framework with optimally selective xenon adsorption and separation [J]. Nature Communications, 2016, 7: 11831.

[98] Isabel A L, Forgan R S. Application of zirconium MOFs in drug delivery and biomedicine [J]. Coordination Chemistry Reviews, 2019, 380: 230-259.

[99] Ye Y, Gong L, Xiang S, et al. Metal-organic frameworks as a versatile platform for proton conductors [J]. Advanced Materials, 2020, 32 (21): 1907090.

[100] Ding S S, He L, Bian X W, et al. Metal-organic frameworks-based nanozymes for combined cancer therapy [J]. Nano Today, 2020, 35: 100920.

[101] Kitagawa S, Kitaura R, Noro S I. Functional porous coordination polymers [J]. Angewandte Chemie, 2004, 43 (18): 2334-2375.

[102] Caskey S R, Matzger A J. Selective metal substitution for the preparation of heterobimetallic microporous coordination polymers [J]. Inorganic Chemistry, 2008, 47 (18): 7942-7944.

[103] Kawano M, Kawamichi T, Haneda T, et al. The modular synthesis of functional porous coordination networks. [J]. Journal of the American Chemical Society, 2007, 129 (50): 15418-15419.

[104] Chui S Y, Lo M F, Charmant J P, et al. Achemically functionalizable nanoporous materi-al [Cu$_3$(TMA)$_2$(H$_2$O)$_3$]$_n$ [J]. Science, 1999, 283 (5405): 1148-1150.

[105] Ferey G, Mellot-Draznieks C, Serre C, et al. A chromium terephthalate-based solid with unusually large pore volumes and surface area [J]. Science, 2005, 309 (5743): 2040-2042.

[106] Cavka J H, Jakobsen S, Olsbye U, et al. A new zirconium inorganic building brick form-ing metal organic frameworks with exceptional stability [J]. Journal of the American Chemical Society, 2008, 130: 13850-13851.

[107] Rahul B, Hiroyasu F, David B, et al. Control of pore size and functionality in isoreticular zeolitic imidazolate frameworks and their carbon dioxide selective capture properties [J]. Journal of the American Chemical Society, 2009, 131 (11): 3875-3877.

[108] Sumida K, Hill M R, Horike S, et al. Synthesis and hydrogen storage properties of Be$_{12}$(OH)$_{12}$(1,3,5-benzenetribenzoate)$_4$[J]. Journal of the American Chemical Society, 2009, 131 (42): 15120-15121.

[109] Zagorodniy K, Seifert G, Hermann H. Metal-organic frameworks as promising candidates for future ultralow-k dielectrics [J]. Applied Physics Letters, 2010, 97 (25): 2519051-2519052.

[110] Krishtab M, Stassen I, Timothée S, et al. Vapor-deposited zeolitic imidazolate frame-works as gap-filling ultra-low-k dielectrics [J]. Nature Communications, 2019, 10 (1): 3729.

[111] Xu W, Yu S S, Zhang H, et al. A three-dimensional metal-organic framework for a guest-free ultra-low dielectric material [J]. RSC Advances, 2019, 9 (28): 16183-16186.

[112] Hou H B, Zhang L P, Liu T M, et al. A facile approach to preparation of silica double-shell hollow particles, and their application in gel composite electrolytes [J]. Journal of Colloid And Interface Science, 2018, 529: 130-138.

[113] Zhang Q, Wu M Y, Fang Y Y, et al. Dendritic mesoporous silica hollow spheres for nanobioreactor application [J]. Nanomaterials, 2022, 12 (11): 1940.

[114] Yi C F, Zhang L S, Xiang G H, et al. Size effect of Co-N-C-functionaized mesoporous silica holl nanoreactors on the catalytic performa [J]. New Journal of Chemistry, 2022, 46: 15102-15109.

[115] Lee J T, Bae J Y. Synthesis and characteristics of double-shell mesoporous hollow silica nanomaterials to improve CO$_2$ adsorption performance [J]. Micromachines, 2021, 12 (11): 1424.

[116] Chen J J, Li H J, Zhou X H, et al. Efficient synthesis of hollow silica microspheres useful

for porous silica ceramics [J]. Ceramics International, 2017, 43 (16): 13907-13912.

[117] 徐健行. 低介电聚酰亚胺纳米复合材料的制备及其性能研究 [D]. 南京: 东南大学, 2021.

[118] 彭胜攀. 功能性介孔二氧化硅制备及其吸附低浓度恶臭气体性能研究 [D]. 北京: 中国科学院大学 (中国科学院过程工程研究所), 2019.

[119] Vu K B, Phung T K, Thao T T. et al. Polystyrene nanoparticles prepared by nanoprecip-itation: A recyclable template for fabricating hollow silica [J]. Journal of Industrial and Engineering Chemistry, 2021, 97: 307-315.

[120] Cao K L A, Taniguchi S, Nguyen T T, et al. Precisely tailored synthesis of hexagonal hollow silica plate particles and their polymer nanocomposite films with low refractive index [J]. Journal of Colloid and Interface Science, 2020, 571: 378-386.

[121] Akhondi M, Jamalizadeh E. Preparation of cubic and spherical hollow silica structures by polystyrene-poly diallyldimethylammonium chloride and polystyrene-poly ethyleneimine hard templates [J]. Ceramics International, 2021, 47 (1): 851-857.

[122] O'Mahony T F, Morris M A. Hydroxylation methods for mesoporous silica and their impact on surface functionalisation [J]. Microporous and Mesoporous Materials, 2021, 317: 110989.

[123] El-Nahhal I M, Salem J K, Kuhn S, et al. Synthesis and characterization of silica-meso-silica and their functionalized silica-coated copper oxide nanomaterials [J]. Journal of Solgel Science and Technology, 2016, 79 (3): 573-583.

[124] Huang B L, Li K, Peng M Y, et al. Polyimide/fluorinated silica composite films with low dielectric constant and low water absorption [J]. High Performance Polymers, 2022, 34 (4): 434-443.

[125] Jiao J, Lei W, Lv P P, et al. Improved dielectric and mechanical properties of silica/epoxy resin nanocomposites prepared with a novel organic-inorganic hybrid mesoporous silica: POSS-MPS [J]. Materials Letters, 2014, 129: 16-19.

第二章

氰酸酯树脂

2.1　氰酸酯/SiO$_2$体系

随着电子通信领域的迅猛发展，特别是 5G 通信，信号传输频率向高频发展，可以满足巨大的信号传输量。然而阻容时间延迟、串扰和电能耗散，会破坏电路板中高频信号的完整传输。为了解决这些难题，覆铜板的原始夹层材料必须拥有低介电常数和低介电损耗。

在众多树脂材料当中，氰酸酯（CE）凭借其较低的介电常数、优异的耐湿性和热稳定性一直是良好的低介电聚合物材料，然而纯氰酸酯的介电常数一般在 3.4 左右，面对当前对更低介电常数材料的需求，如何降低氰酸酯树脂介电常数已经成为研究的热点。当前相比于重新设计一种新结构的氰酸酯树脂，在氰酸酯树脂中加入性能稳定的中空纳米填料，无疑是一种更简便的制备低介电聚合物的方法。

中空二氧化硅（HSMs）是一种良好的中空纳米填料，其耐高温、密度低。但其表面含有大量羟基，因而与树脂的相容性较差。因此需选择合适的偶联剂对其功能化，提高其与树脂基体的相容性[1]。Devaraju 等[2] 合成出粒径为 5～30nm 的纳米二氧化硅 SBA-15，通过 3-缩水甘油醚氧丙基三甲氧基硅烷（KH560）的改性，制备出带环氧基团的 gSBA-15，然后将其添加到自制的氰酸酯中，经测试发现随着 gSBA-15 的增加，介电常数持续降低，当添加量达10%（质量分数）时为 2.53，此外，3-氨基丙基三乙氧基硅烷（APTES）也是一种良好的改性剂，Lu 等[3] 经 APTES 改性制备出氨基功能化中空二氧化硅，将其添加至乙烯-醋酸乙烯酯中，介电常数从 6.6 降至 4.8。类似的还有Hu 等[4] 以氨基功能化中空二氧化硅为填料改性树脂，研究发现，将其加入双马来酰亚胺/氰酸酯混合树脂中，介电常数从 3.5 降至 3.0，该复合材料还表现出更好的耐热性。由此可见，功能化二氧化硅在介电领域具有广阔的应用前景。

2.1.1 HSMs/CE 及 HSMs-NH$_2$/CE 复合材料的制备

将所需 CE 树脂放置于真空烘箱中，60℃下抽真空，干燥 12h 以上，以除去 CE 树脂中吸收的水分以及小分子杂质等，备用。HSMs 及 HSMs-NH$_2$ 置于烘箱中 80℃干燥 12h，备用。配制催化剂，取 1mL 二月桂酸二丁基锡和 100mL 丙酮于容量瓶中混合备用。

以二氯甲烷为溶剂，称量不同比例的 CE 树脂和 HSMs（或 HSMs-NH$_2$，其中填料占 CE 树脂的质量分数为 1%、5%、10%、15%，实验前发现 HSMs 的量超过 15%时，其不能与 CE 树脂很好地共混，因此选择以上四种比例进行实验），搅拌加热至 100℃，继续搅拌 1h 后，再加入适量稀释后的二月桂酸二丁基锡，搅拌 10min 后，将上述共混物倒入提前预热的模具中，放入真空烘箱中抽真空，保持在 100℃左右进行脱泡，当模具共混物中只有少量的气泡或气泡匀速上升时，大部分气泡已抽出，放空，取出模具，转入鼓风烘箱中进行固化。固化升温程序为 150℃/2h＋180℃/2h＋200℃/2h＋220℃/2h＋240℃/2h。待样品冷却至室温后从烘箱中取出，即得 xHSMs/CE 和 xHSMs-NH$_2$/CE 树脂复合材料，其中 x 表示填料 HSMs 或 HSMs-NH$_2$ 的含量。以同样的方法制备 CE 树脂，其具体流程如图 2.1 所示。

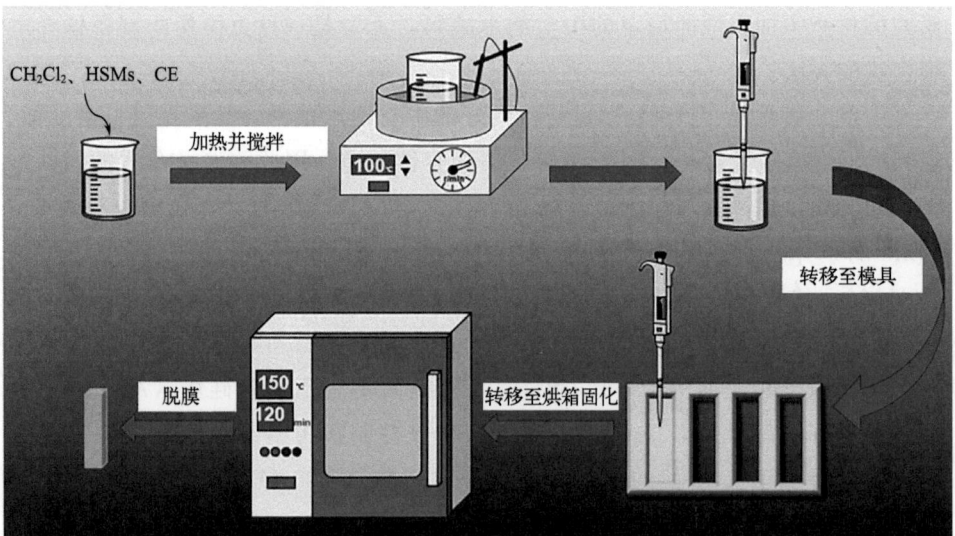

图 2.1 HSMs/CE 及 HSMs-NH$_2$/CE 复合材料的制备过程

2.1.2 HSMs/CE 及 HSMs-NH₂/CE 复合材料的固化机理

对 CE 树脂、HSMs 及 HSMs-NH$_2$ 复合材料进行了 DSC 测试，由图 2.2 (a) 及表 2.1 可知，CE 树脂及 HSMs/CE 显示出两个峰，第一个峰为吸热峰，第二个为放热峰，其中放热峰的温度是氰酸酯中三嗪环形成的温度。CE 树脂的 T_i（固化起始温度）、T_p（固化峰值温度）、T_f（固化终止温度）分别为 309.6℃、327.7℃、340.9℃，其较高的固化温度给加工造成了困难。随着 HSMs 的增加，T_i、T_p、T_f 相应降低，放热峰逐渐左移且变宽，峰强度也逐渐减弱，在 HSMs 加入量为 15%（质量分数）时，分别为 239.8℃、279.0℃、312.2℃。由此可见，HSMs 的加入能显著降低 CE 树脂的固化温度，这是因为 HSMs 上具有大量的—OH，能够促进 CE 树脂三嗪环的形成，对 CE 树脂具有一定的催化作用[5]。

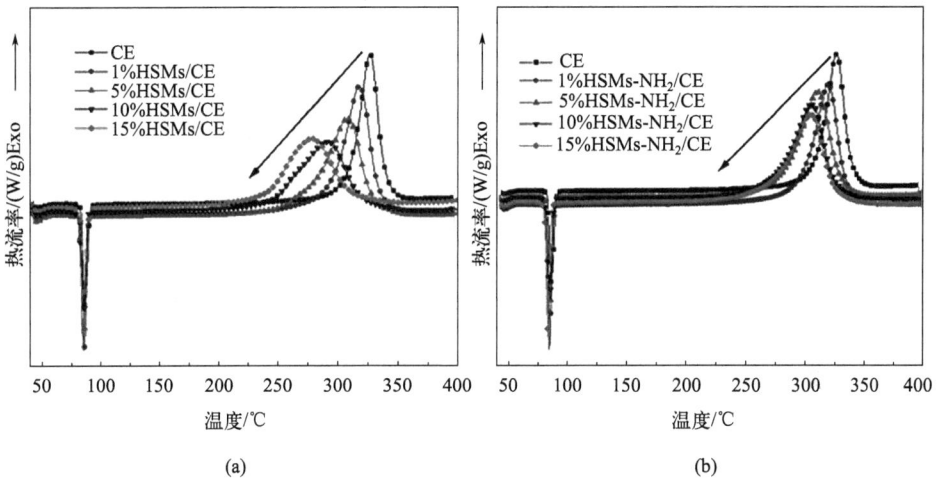

图 2.2 HSMs/CE（a）及 HSMs-NH₂/CE（b）复合材料 DSC 曲线

由图 2.2（b）HSMs-NH$_2$/CE 的 DSC 曲线可知，HSMs-NH$_2$ 也同样具备对 CE 树脂的催化作用，在添加量为 15%（质量分数）时，其 T_i、T_p、T_f 分别为 272.9℃、306.0℃、326.3℃，与未改性的 HSMs 相比，固化温度相对有所提高，这可能是因为经 APTES 改性后的 HSMs-NH$_2$ 表面上存在一定量的—CH$_3$，虽然—NH$_2$ 的催化活性高于—OH，但由于一定量—CH$_3$ 的存在占据了 HSMs-NH$_2$ 表面的一些反应位点，且—NH$_2$ 能与 CE 中的—OCN 基团发生反应生成 NH—(C=NH)—O，产生位阻效应限制 CE 树脂分子链的运动，因此整体 HSMs-NH$_2$ 的催化效果不如 HSMs，但总体来说 HSMs 及 HSMs-NH$_2$

都能显著降低 CE 的固化温度。

表 2.1 HSMs/CE 及 HSMs-NH$_2$/CE 复合材料 DSC 数据

样品	T_i/℃	T_p/℃	T_f/℃
CE	309.6	327.7	340.9
1%HSMs/CE	293.3	319.3	335.6
5%HSMs/CE	273.6	308.9	330.2
10%HSMs/CE	241.5	292.2	321.5
15%HSMs/CE	239.8	279.0	312.2
1%HSMs-NH$_2$/CE	296.2	319.8	336.8
5%HSMs-NH$_2$/CE	281.6	311.7	331.6
10%HSMs-NH$_2$/CE	274.8	306.6	326.5
15%HSMs-NH$_2$/CE	272.9	306.0	326.3

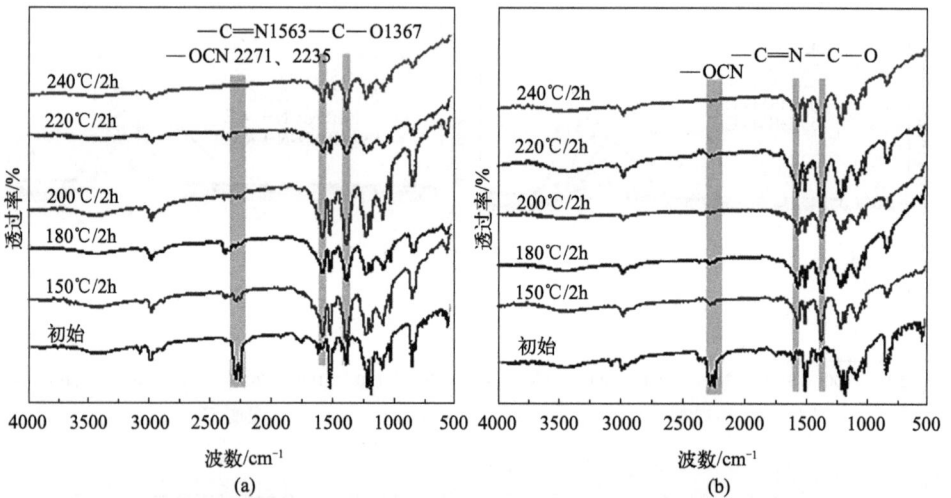

图 2.3 HSMs/CE (a) 及 HSMs-NH$_2$/CE (b) 在不同固化温度下的红外光谱图

为进一步研究两种复合材料的固化机理,使用红外光谱分析其固化过程,如图 2.3 所示,在固化前两种复合材料在 2271 cm^{-1}、2235 cm^{-1} 处都显示出未固化的—OCN 峰,随着温度的升高,此峰逐渐减弱,在 240℃时消失,证明此时 CE 已完全固化;在 1563 cm^{-1}、1367 cm^{-1} 处随着升温固化的进行,显示出三嗪环的特征峰—C≡N 及—C—O。两种复合材料固化过程的研究都证明,HSMs 及 HSMs-NH$_2$ 都能促进 CE 的固化。

2.1.3　HSMs/CE 及 HSMs -NH₂/CE 复合材料的动态热力学性能

在一定温度范围内，动态热力学分析仪（DMA）能够有效地分析复合材料的损耗因子（tanδ）及储能模量（E'），进而通过计算得出复合材料的玻璃化转变温度（T_g）、固化过程等。根据式（2.1）能有效计算出 HSMs/CE 与 HSMs-NH₂/CE 复合材料的交联密度[6]。

$$\rho = E'/3\varphi RT \tag{2.1}$$

式中，ρ 为复合材料的交联密度，mol/m³；E' 为 $T_g + 40℃$ 时的模量；φ 为前置因子（取 1）；R 为气体常数；T 是 $T_g + 40℃$ 的热力学温度。值得注意的是，该方程适用于轻度复合材料，能在一定程度上反映复合材料的平均交联密度。

从图 2.4 HSMs/CE 的 DMA 曲线及表 2.2 可知，CE 树脂的模量为 3515.2 MPa，随着 HSMs 的加入，复合材料显示出比 CE 树脂更高的储能模量，当 HSMs 为 5%（质量分数）时储能模量为 4327.7 MPa，比纯 CE 树脂提高约 23%，这是因为 HSMs 中的羟基能催化 CE 树脂三嗪环的形成，同时具有刚性结构的三嗪环提高了复合材料的交联密度。然而当继续添加 HSMs 后，大量的 HSMs 会阻碍 CE 树脂分子链段的运动，因此随着 HSMs 的加入复合材料的模量及交联密度呈下降趋势，在添加量为 15%（质量分数）时模量为 3435.1 MPa。

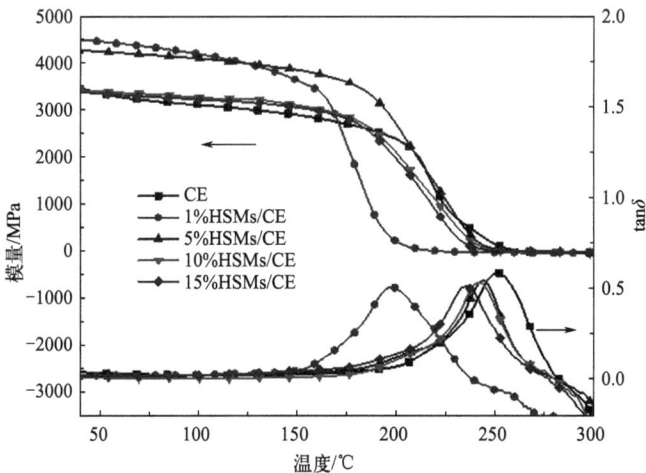

图 2.4　HSMs/CE 复合材料 DMA 曲线

表 2.2　HSMs/CE 及 HSMs-NH₂/CE 复合材料 DMA 数据

样品	E'(40℃)/MPa	T_g/℃	ρ/(mol/m³)
CE	3515.2	250.2	1.62×10^{-3}
1%HSMs/CE	4555.7	197.1	2.09×10^{-3}
5%HSMs/CE	4327.7	243.4	2.56×10^{-3}
10%HSMs/CE	3473.2	240.5	2.27×10^{-3}
15%HSMs/CE	3435.1	235.4	2.21×10^{-3}
1%HSMs-NH₂/CE	4454.4	213.8	1.51×10^{-3}
5%HSMs-NH₂/CE	3872.2	239.4	2.02×10^{-3}
10%HSMs-NH₂/CE	4497.5	232.4	1.81×10^{-3}
15%HSMs-NH₂/CE	3887.1	221.6	1.77×10^{-3}

通过对复合材料损耗因子曲线分析，可以发现 HSMs 含量对材料 T_g 的影响。众所周知，T_g 是衡量材料性能的重要指标，是高分子材料从玻璃态到高弹态的最低温度，当外界温度高于 T_g 时分子链段能克服相互作用能而开始运动，介电材料应保持优异的 T_g（＞170℃），以更好地应用于电子器件行业。从表中发现，纯 CE 树脂本身具有较高的 T_g，约为 250.2℃，当 HSMs 的添加量为 1%（质量分数）时其 T_g 为 197.1℃，较纯 CE 树脂大幅度下降，这是因为 HSMs 的加入破坏了 CE 树脂的稳定三嗪环结构，有利于 CE 树脂分子链的运动。此外，随着 HSMs 的增加，HSMs 上的—OH 易与 CE 树脂中的 C—O 键形成分子间氢键[7]，从而提高交联密度，T_g 也随之提升。当 HSMs 添加量为 10%（质量分数）时 T_g 为 240.5℃。然而过量的 HSMs 会产生位阻效应，与 CE 树脂的界面作用减弱，复合材料的自由体积增大，对 CE 树脂链段的限制作用减小，因此会导致其 T_g 减小，此外，随着 HSMs 含量的增加，tanδ 峰宽逐渐增加，这也证实了 HSMs 能提高 CE 树脂的阻尼性能。

图 2.5 显示了 HSMs-NH₂/CE 复合材料的 DMA 曲线，从图中我们可以发现，随着 HSMs-NH₂ 含量的增加，tanδ 曲线除有尖峰外还存在一个肩峰，在 5%（质量分数）添加量时，肩峰起始温度大约在 191℃，这是因为 HSMs-NH₂ 的表面氨基基团能与 CE 树脂的氰基反应，形成新的界面结构，与原有纯 CE 树脂的三嗪环结构相比，两相的 tanδ 峰不相容，因此出现了一个肩峰[8]。

该复合材料的储能模量较 CE 树脂也有显著的提升，在添加量为 10%（质量分数）时达到最大，为 4497.5 MPa。此外 HSMs-NH₂/CE 复合材料与 HSMs/CE 复合材料 T_g 呈现相同的变化趋势，但在添加量为 1%（质量分数）时为 213.8℃，高于 HSMs/CE 的 197.1℃，这主要是因为纳米填料的加入会破坏 CE 树脂的三嗪环结构。但由于 HSMs-NH₂ 中的—NH₂ 能与 CE 树脂的氰基反应，限制了 CE 树脂分子的链段运动，尽可能地保留了 CE 树脂三嗪环结构的

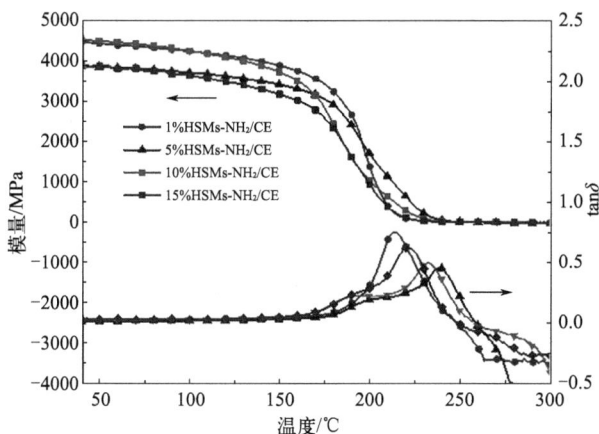

图 2.5　HSMs-NH$_2$/CE 复合材料 DMA 曲线

规整性，然而过多纳米粒子的加入，T_g 仍会下降，在添加量为 10%（质量分数）时为 232.4℃。DSC 测试证明，HSMs 中的—OH 的催化效果优于 HSMs-NH$_2$，所以随着添加量的增大，HSMs/CE 的 T_g 优于 HSMs-NH$_2$/CE。

2.1.4　HSMs/CE 及 HSMs -NH$_2$/CE 复合材料的介电性能

为了分析何种尺寸的中空二氧化硅更适合用来改性 CE 树脂，测试了 CE 树脂及不同粒径（200nm、300nm、500nm）HSMs 组成的 HSMs/CE 复合材料的介电性能，从图 2.6（a）不同粒径的 HSMs/CE 复合材料介电常数图中可以看出，在 10^6 Hz 时 CE 树脂的介电常数为 3.27，加入不同粒径的 HSMs 后，介电常数呈现先减小后增大的趋势，其中在 10^6 Hz 时 200nm、300nm、500nm 的复合材料，介电常数分别为 3.23、2.89、3.15；HSMs 中存在空腔结构，空气的介电常数为 1，大量空腔结构的引入能有效降低 CE 树脂的介电常数。

图 2.7 为 500nm、300nm、200nm HSMs 在 CE 树脂中的分散情况，200nm 与 300nm 相比，由于 HSMs 本身的纳米粒子效应，粒径越小，比表面积越大，越容易形成团聚，因此填料团聚使其在 CE 树脂中分散不均，故而介电常数较大[9]。500nm 与 300nm 相比，粒径大，比表面积小，与树脂的结合性能较差，从而使界面极化增强，因此介电常数高于 300nm HSMs 形成的复合材料。

图 2.6（b）显示了氰酸酯及三种尺寸 HSMs 复合材料的介电损耗。从图中可以看到，在频率较低时，200nm 和 300nm HSMs 形成的复合材料介电损耗稍低于 CE 树脂。随着频率的增加，树脂中加入纳米粒子后，添加的纳米粒子与

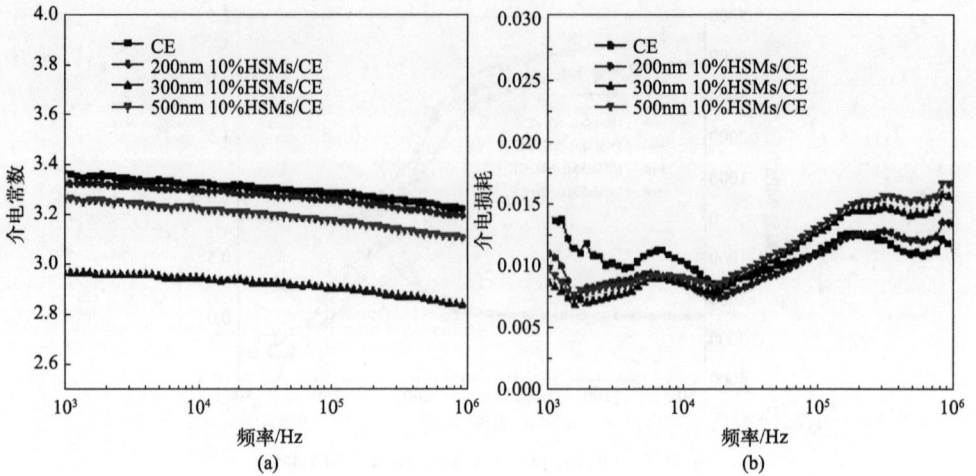

图 2.6　不同粒径 HSMs 组成的 HSMs/CE 复合材料的介电常数（a）和介电损耗（b）

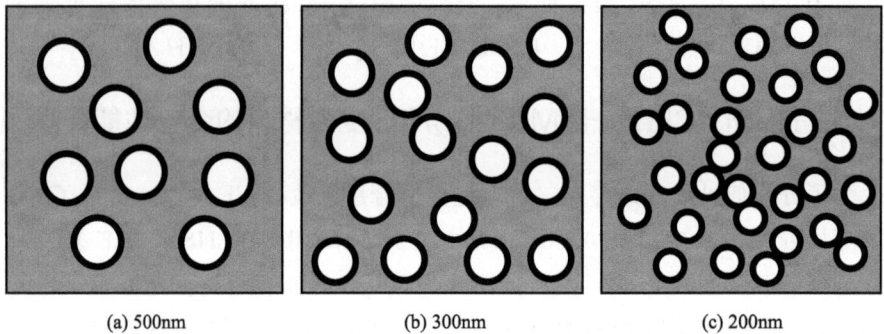

(a) 500nm　　　　　　　　(b) 300nm　　　　　　　　(c) 200nm

图 2.7　不同粒径 HSMs 与 CE 树脂之间模拟界面大小比较

基体之间形成界面，当外加电场作用时会发生界面极化从而形成偶极矩，偶极子在取向极化时会受到摩擦力作用而产生强迫运动[10]，这将会使电场的能量损耗增大，所以介电损耗增加，在 10^6 Hz 时，纯 CE 树脂及 200nm、300nm、500nm HSMs 形成的复合材料的介电损耗分别为 0.011、0.0130、0.0151、0.0162。此外，由于粒径较大的 HSMs 比表面积小，与 CE 树脂界面结合性能较差，形成的界面极化、松弛极化和空间电荷极化产生的损耗增大，因此介电损耗随着粒径的增大而增大。

　　在所有降低介电常数的方法中，最常见的是引入低极化基团及孔洞结构，引入低极化基团虽然在一定程度上能提高介电性能，但存在一定的局限性；引入孔洞结构已成为当前降低材料介电常数最实用的方法，空气的介电常数为 1，在树脂基体中引入具有空腔结构的纳米粒子，能够很好地降低复合材料的介电常数，根据等效介质理论[11]，当填料近似于球形与树脂基体混合均匀时，可以用 Series Mixing[12]、Maxwell-Wagner 两种较简单的模型预测复合材料的介电性能[13]，其中 ε 为复合材料介电常数，ε_1、ε_2 分别为填料的介电常数及树脂基体的介电常数，V_f 为填料的体积分数。

Series Mixing：

$$\frac{1}{\varepsilon} = \frac{V_f}{\varepsilon_1} + \frac{1-V_f}{\varepsilon_2} \tag{2.2}$$

该式可以化简为：

$$\varepsilon = \frac{\varepsilon_1 \varepsilon_2}{V_f + (\varepsilon_2 - \varepsilon_1) + \varepsilon_1}$$

Maxwell-Wagner：

$$\varepsilon = \varepsilon_2 \frac{2\varepsilon_2 + \varepsilon_1 + 2V_f(\varepsilon_1 - \varepsilon_2)}{2\varepsilon_2 + \varepsilon_1 - V_f(\varepsilon_1 - \varepsilon_2)} \tag{2.3}$$

式（2.2）和式（2.3）中 ε 随 V_f 的增大而减小；ε_1、ε_2 都是常数，可认为 ε 是关于 V_f 的函数，故可以认为在一定范围内添加中空纳米填料能降低复合材料的介电常数。

图 2.8 显示了 HSMs/CE 复合材料在不同 HSMs 含量下的介电常数及介电损耗随频率变化的趋势，从图（a）中可以发现随着 HSMs 含量的增加其介电常数呈现先降低后增高的趋势，在测试频率为 10^6 Hz 时添加量在 5%（质量分数）的 HSMs/CE 的介电常数达到最低，为 2.70，但随着 HSMs 进一步增加，添加量在 15%（质量分数）时降至 2.99。介电常数在 HSMs 加入量较少时下降的主要原因包括：

① HSMs 本身具有的空腔结构能大幅度降低复合材料介电常数；

② HSMs 可以与 CE 树脂基体之间形成两相界面的空隙；

③ HSMs 作为一种轻型填料能促使复合材料整体密度下降，降低了极化率；

④ 在搅拌的过程中也可能产生一部分气孔。

这些都可显著降低了 CE 树脂的介电常数；然而随着填料的进一步增加，复合材料介电常数升高是因为：

① 过量的 HSMs 使其在 CE 树脂基体中分散性较差，会出现团聚的情况，界面接触变差会增加界面极化，从而导致总空体积量减小；

② 持续地加入 HSMs 导致复合材料较高的交联密度，减小了其自由体积；

③ 在固化时高添加量的 HSMs 将会阻碍氰基的运动而导致固化不完全，未固化的具有高极性的氰基也会导致复合材料介电常数增加[14]；

④ 由于 HSMs 含量的增加，大量的极性基团—OH 也会造成复合材料极化增强，从而增大介电常数。

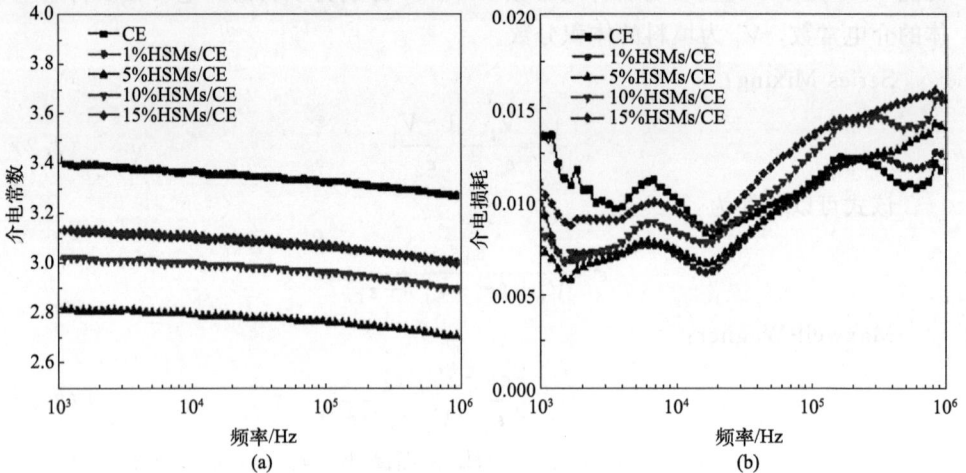

图 2.8　HSMs/CE 复合材料介电常数（a）和介电损耗（b）

从图 2.8（b）复合材料介电损耗图中可以发现，介电损耗总体随频率增加呈现先降低后升高的趋势，这主要是因为随着电场频率增加，纯 CE 树脂及复合材料中偶极子振动速率跟不上电场变化的速率，表现出滞后效应[15]，从而转化为热能。在 $10^3 \sim 10^4$ Hz 时，复合材料较纯 CE 树脂介电损耗较低，超过 10^5 Hz 时，由于 HSMs 中—OH 的极性，以及与 CE 分子链之间的氢键作用和界面极化效应，复合材料介电损耗提高，随着 HSMs 添加量的增加而增高，在 15%（质量分数）时其介电损耗为 0.0152。

图 2.9 显示了 HSMs-NH$_2$ 不同含量下 HSMs-NH$_2$/CE 的介电常数、介电损耗曲线，HSMs-NH$_2$/CE 复合材料显示出相同的规律，HSMs 经 APTES 改性后能够更好地分散在 CE 树脂基体中，其在 10%（质量分数）时介电常数达到最低，为 2.78，这是因为 HSMs-NH$_2$ 能与 CE 树脂发生反应，提高了 HSMs-NH$_2$ 在 CE 树脂中的分散性，减小了界面极化，从而降低了介电常数[16]。但在过量时其介电常数仍会因出现不可避免的团聚现象而降低，制备的 HSMs/CE 及 HSMs-NH$_2$/CE 介电常数相较 CE 树脂都有显著的降低。然而 HSMs-NH$_2$/CE 及 HSMs/CE 复合材料最低介电常数分别出现在 10% HSMs-NH$_2$/CE 及 5% HSMs/CE，这可能是由纳米粒子的加入量及纳米粒子催化 CE 树脂等多种原因共同决定的。

HSMs-NH$_2$/CE 复合材料的介电损耗呈现与 HSMs/CE 相似的趋势，但总体介电损耗略高于 HSMs/CE，这可能是因为 HSMs-NH$_2$ 与 CE 树脂之间不仅有范德华力还可以形成化学交联，当范德华力与共价键在基体和填料之间共存时，在一定频率范围内会出现共振的现象[13]，从而导致其介电损耗高于 HSMs/CE，在添加量为 15%（质量分数）时为 0.0166。

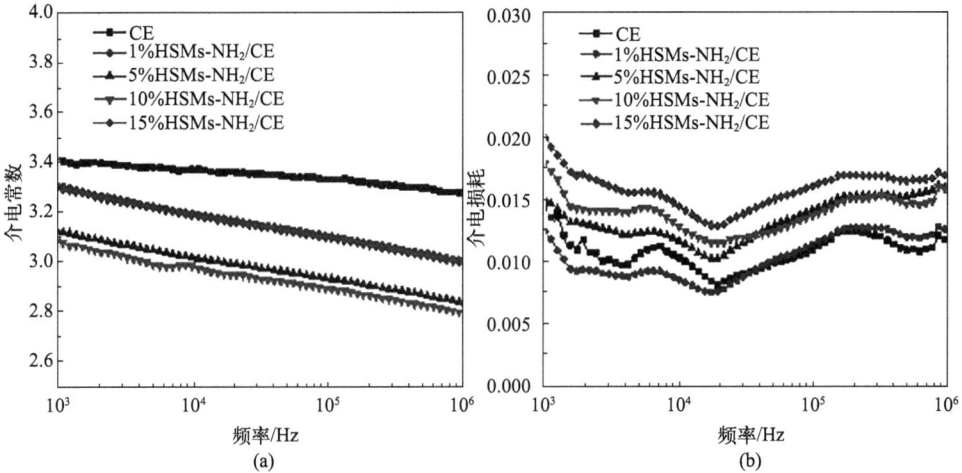

图 2.9　HSMs-NH$_2$/CE 复合材料介电常数（a）与介电损耗（b）

2.1.5　HSMs/CE 及 HSMs -NH$_2$/CE 复合材料的耐热性

作为电子器件材料，除了满足低介电的要求外，还应具有较高的耐热性，因此研究复合材料的耐热性具有十分重要的意义。耐热指数是评价复合材料耐热性的标准之一[17]，可由下式计算：

$$耐热指数(T_{HRI}^a) = 0.49 \times [T_{d5} + 0.6 \times (T_{d30} - T_{d5})] \tag{2.4}$$

式中，T_{d5} 和 T_{d30} 分别表示材料失重 5% 和 30% 时的温度。

从图 2.10 HSMs/CE 复合材料 TGA 曲线及表 2.3 可以发现，纯 CE 的 T_{d5} 为 389.2℃，耐热指数为 198.4，添加 5%（质量分数）HSMs 的复合材料 T_{d5} 为 406.3℃，耐热指数为 204.38，HSMs/CE 耐热性较高主要是因为 CE 树脂本身具有三嗪环结构，结构稳定较为耐热；复合材料的热稳定性相对纯 CE 树脂较高主要是因为 HSMs 中存在着的大量 Si—O—Si 键具有较高的键能（460 kJ/mol）[18]，其次 HSMs 的刚性结构能够阻碍 CE 树脂链段运动，阻碍物质的分解。此外，HSMs 的加入可增加复合材料的交联密度，CE 树脂链段之间的相互作用力增强，链段之间断裂所需要的温度提高，因此复合材料热分解需要更高的温度。少量的 HSMs 会显著提高材料的起始分解温度，但随着 HSMs 过量

［超过 5％（质量分数）］，HSMs 在高温下表面会形成具有催化活性的硅羟基，进而加快分解，因此复合材料的耐热性会有一个下降的趋势，在 HSMs 添加量为 15％（质量分数）时 T_{d5} 为 390.4℃，耐热指数为 198.97，这表明经 HSMs 改性的 CE 树脂具有良好的热稳定性。

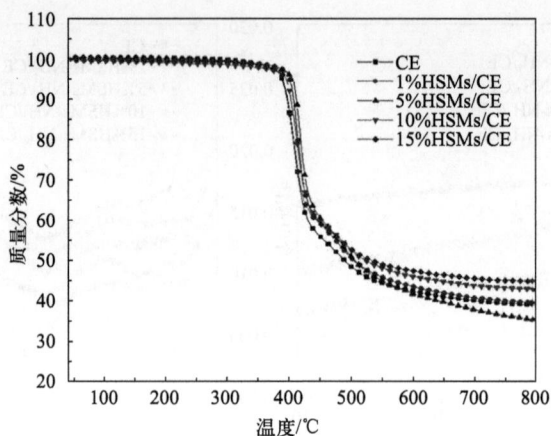

2.10 HSMs/CE 复合材料 TGA 曲线

表 2.3 HSMs/CE 及 HSMs-NH$_2$/CE 复合材料 TGA 数据

样品	T_{d5}/℃	T_{d30}/℃	T_{HRI}^a/℃
CE	389.2	415.5	198.4
1％HSMs/CE	401.9	419.8	202.19
5％HSMs/CE	406.3	424.3	204.38
10％HSMs/CE	396.2	422.2	201.78
15％HSMs/CE	390.4	416.5	198.97
1％HSMs-NH$_2$/CE	402.9	424.3	203.71
5％HSMs-NH$_2$/CE	398.5	418.9	201.26
10％HSMs-NH$_2$/CE	390.6	416.5	199.00
15％HSMs-NH$_2$/CE	366.9	412.7	193.25

图 2.11 是 HSMs-NH$_2$/CE 复合材料 TGA 曲线，与 HSMs/CE 类似，HSMs-NH$_2$/CE 复合材料也呈现出良好的耐热性，在 HSMs-NH$_2$ 为 1％（质量分数）时，其 T_{d5}（402.9℃）、耐热指数（203.17）都优于纯 CE 及 1％ HSMs/CE，这是因为经改性后 HSMs-NH$_2$ 能更好地与 CE 树脂相结合，在树脂热分解时，分散均匀的纳米填料能起到阻隔的作用。复合树脂在热分解时，其分解的物质会沿着内部的孔隙渗出，无机填料将会被推动而覆盖在树脂表面形成硅酸盐[19]，进而提高了整体材料的耐热性。此外，复合材料受热分解产生

的中间物质能够被高键能的 Si—O—Si 骨架包围,从而极大地提高了材料的耐热性。由于 APTES 改性后的 HSMs 所接枝的烷基链热稳定性较差[20],因此随着 HSMs-NH$_2$ 的增加,其热稳定性也会呈现下降趋势,在添加量为 5%(质量分数)时,T_{d5} 为 398.5℃,耐热指数为 201.26。综上说明,适量的 HSMs 及 HSMs-NH$_2$ 的加入都可显著提升 CE 树脂的耐热性。

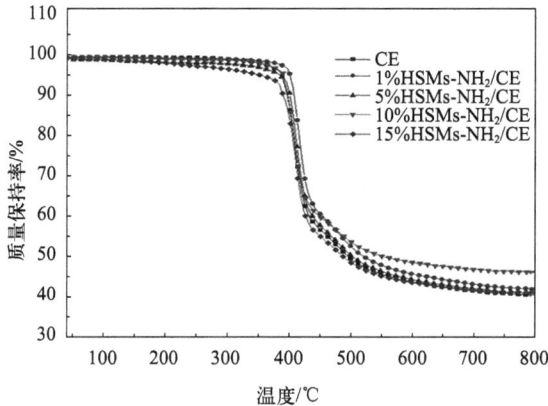

图 2.11 HSMs-NH$_2$/CE 复合材料 TGA 曲线

2.1.6 HSMs/CE 及 HSMs-NH$_2$/CE 复合材料的疏水性

对于电子器件材料,较好的疏水性也是保证其稳定工作的重要前提,否则当介电材料吸收过量的水分(水的介电常数在 80 左右)时[21],材料的使用性能及使用寿命将会大大降低。高分子材料中的水主要以氢键形式储存,或以自由水分子的形式存在,因此在高分子材料中引入疏水基团可以显著提高材料的疏水性。

图 2.12 显示了 CE 树脂及 HSMs/CE 的接触角及七日吸水率。从图中可以看出,纯 CE 树脂的接触角及七日吸水率分别为 82.7°及 0.674%,随着 HSMs 的加入,HSMs/CE 复合材料的接触角有增大趋势,在 10%(质量分数)添加量时为 89.6°,同时其七日吸水率为 0.646%,添加量为 15%(质量分数)时接触角则会出现稍微减小而吸水率则会增大。出现这一现象的原因是,HSMs 中的 Si—O—Si 是一种低表面能的疏水性基团[22],且少量(添加量低于 10%)HSMs 的添加在 CE 中能增加复合材料的交联密度,使材料变得更为致密。然而,当加入过量的 HSMs 后,HSMs 中的—OH 具有一定的亲水性,且过量的 HSMs 会在 CE 树脂中形成团聚,从而产生大量的空隙,使水分子更容易进入复合材料,对复合材料疏水性产生反作用。

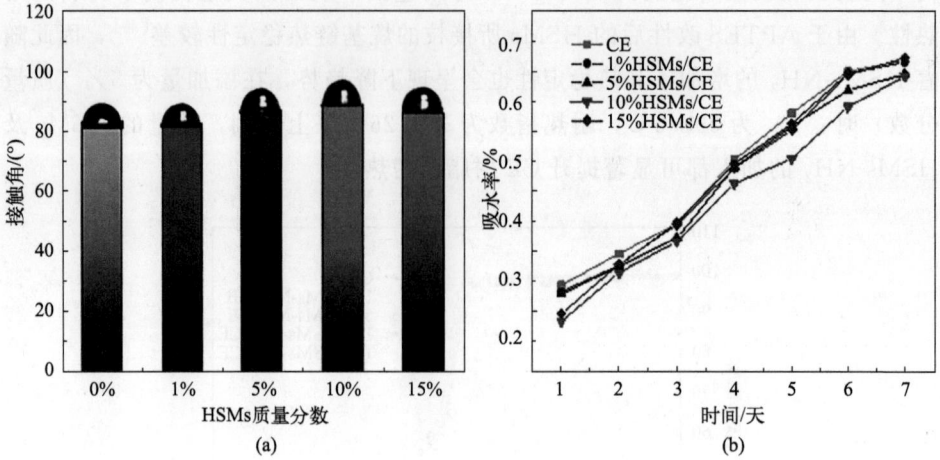

图 2.12 HSMs/CE 复合材料接触角（a）及吸水率（b）

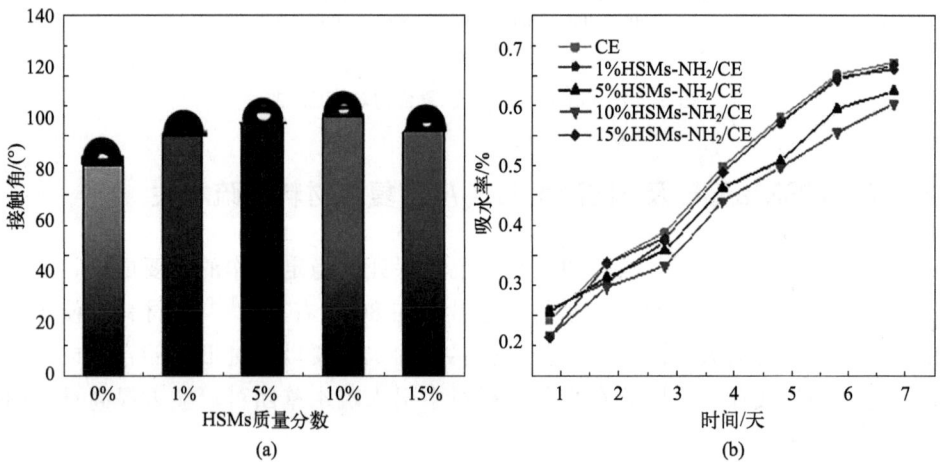

图 2.13 HSMs-NH$_2$/CE 复合材料接触角（a）及吸水率（b）

对 HSMs 表面进行改性后其复合材料疏水性将得到有效提高，从图 2.13 可以看出，HSMs-NH$_2$/CE 的接触角显著增大，在 HSMs-NH$_2$ 添加量为 10%（质量分数）时其接触角达到最大，为 101.4°，七日吸水率为 0.607%，相较于 HSMs/CE 复合材料其疏水性能有显著提高，这主要是因为 HSMs-NH$_2$ 在 CE 中的分散性较 HSMs 好，能更好地与 CE 树脂结合，从而减少复合材料中的空隙量。然而当 HSMs-NH$_2$ 过量时也不可避免地造成其疏水性减弱，但两种复合材料 HSMs/CE 及 HSMs-NH$_2$/CE 疏水性相较于纯 CE 树脂都有显著的提升。

2.1.7　HSMs/CE 及 HSMs-NH$_2$/CE 复合材料的韧性

图 2.14 显示了 HSMs/CE 及 HSMs-NH$_2$/CE 复合材料冲击强度随纳米粒子 HSMs 添加量的变化规律，图 2.15 显示了 HSMs/CE 复合材料的冲击断面 SEM 图。经过测试和计算，纯 CE 树脂冲击强度为 24.35 kJ/m^2，随着 HSMs 的加入其冲击强度呈下降趋势，在添加量为 15%（质量分数）时冲击强度降至 17.88 kJ/m^2。

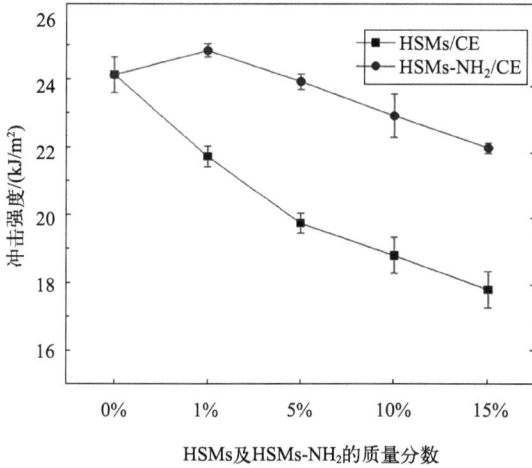

图 2.14　HSMs/CE 和 HSMs-NH$_2$/CE 复合材料的冲击强度曲线

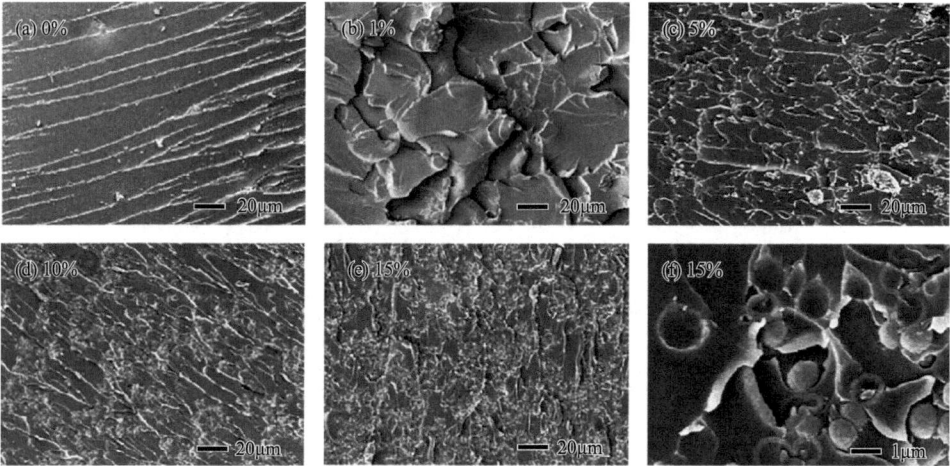

图 2.15　HSMs/CE 复合材料的冲击断面 SEM 图

从断面图中可以发现，CE 树脂的断面较为平整光滑，满足脆性断裂的特征[23-24]。随着填料的增加，在（b）~（e）图中显示出更多的小裂纹，这些小裂纹原本能在一定程度上产生能量耗散的作用，但由于 HSMs 本身具有较大的空腔，其力学性能较差，且 HSMs 的加入会导致 HSMs/CE 复合材料产生大量的空隙，随着加入量的增多，HSMs 纳米粒子会集中在 CE 树脂的某一部分造成严重的分布不均而产生应力集中效应[25]。此外，由于未改性的 HSMs 分散性差，如图 2.15（f）所示，高添加量下的 HSMs 极容易产生团聚的现象，而使复合材料中形成大体积缺陷，导致 HSMs 与 CE 树脂的界面结合能减弱，材料整体冲击强度降低。

将 HSMs 改性后再加入 CE 树脂中，其冲击强度会有显著的提高，从图 2.14 及图 2.16 中可以发现，在 HSMs-NH_2 的加入量为 1%（质量分数）时，其冲击强度为 25.07kJ/m^2，相较 CE 树脂有略微的提高，这是因为 HSMs 改性后，由于范德华力，HSMs-NH_2 与 CE 树脂的界面结合得到了加强。从断面 SEM 图中也可以发现，随着填料增加，HSMs-NH_2/CE 较 HSMs/CE 显示出更多的小裂纹。此外，氰酸酯基团能与 HSMs-NH_2 中的—NH_2 发生反应，因而 HSMs-NH_2 能与 CE 树脂更好地相结合，减少了因纳米粒子分布不均而产生的孔洞，如图 2.16（e）所示，在添加量为 15%（质量分数）时其也会产生些许孔洞，但冲击强度仍保持在 22.16kJ/m^2，远高于 15% HSMs/CE 复合材料，由此说明 HSMs-NH_2 在 CE 树脂中的分散性优于 HSMs。

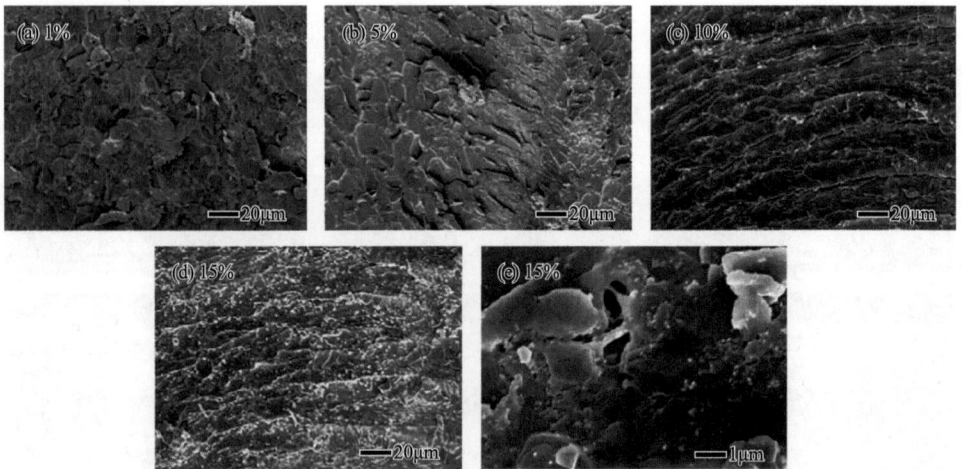

图 2.16　HSMs-NH_2/CE 复合材料的冲击断面 SEM 图

2.2 氰酸酯/PI/SiO₂ 体系

氰酸酯虽然凭借其较低介电常数、优异的耐热性而备受关注，但其韧性较差一直是限制其更广泛应用的关键因素。此外，一般经过中空纳米粒子改性后的氰酸酯树脂都显示出较差的韧性，这主要是因为氰酸酯本身的刚性三嗪环结构及中空纳米粒子的分散不均造成的应力集中。中空二氧化硅填料具有较大空腔直径，虽然在很大程度上提高了介电性能，但对韧性却造成了消极影响，在保持氰酸酯优异介电性能的同时提高其韧性，一直是氰酸酯树脂研究的重点方向。

增韧氰酸酯方法有很多，常见的如热固性树脂增韧、热塑性树脂增韧、纳米粒子增韧及橡胶弹性体增韧等。普通的热固性树脂如环氧树脂与氰酸酯共混，会严重破坏材料的硬度和热稳定性，而引入玻璃化转变温度较低的橡胶弹性体也会严重降低复合材料的耐热性。由于氰酸酯本身具有热固性，以热塑性树脂对其增韧，更能显著提高氰酸酯的强度、柔韧性及抗收缩性。

热塑性聚酰亚胺（PI）作为一种常用的增韧树脂，能与氰酸酯（CE）形成互穿网络结构而显著增强韧性[26]，Wang 等[27] 将一种热塑性聚酰亚胺与氰酸酯共混后固化，研究发现，当热塑性聚酰亚胺的量为 15%（质量分数，下同）时，其弯曲强度由初始的 64.8MPa 提升至 85MPa 左右。此外，还发现聚酰亚胺的加入能显著降低氰酸酯的固化温度，提高固化速率。Wang 等[28] 在氰酸酯中加入聚酰亚胺纤维，当聚酰亚胺量达 35.6% 时，复合材料获得了优异的力学性能，类似的还有 Liu 等[29]，在氰酸酯中加入 20% 聚酰亚胺时，冲击强度从 15kJ/m² 提升至 49kJ/m²。上述例子都足以证明，聚酰亚胺能对氰酸酯起到很好的增韧作用。

本节考虑在保持复合材料良好介电性能的情况下，提升氰酸酯的韧性，在氰酸酯中引入热塑性聚酰亚胺的同时添加中空二氧化硅（HSMs），通过对复合材料 HSMs/PI/CE 及 HSMs-NH₂/PI/CE 的固化机理、分散性、动态热力学性能、介电性能、耐热性、疏水性、韧性进行分析，研究了中空二氧化硅的加入量对聚酰亚胺/氰酸酯的影响。此外，还单独讨论了不同含量聚酰亚胺对氰酸酯的固化机理、介电性能的影响，以确定聚酰亚胺与氰酸酯的最佳配比。

2.2.1 HSMs/PI/CE 及 HSMs-NH₂/PI/CE 复合材料的制备

首先将所需 CE 树脂置于真空烘箱中，60℃下抽真空，干燥 12h 以上，以除去氰酸酯中吸收的水分以及小分子杂质等，备用。将 PI 树脂置于烘箱中 40℃ 干燥 12h，备用。HSMs 置于烘箱中于 80℃ 干燥 12h，备用。配制催化剂，取 1mL 二月桂酸二丁基锡和 100mL 丙酮于容量瓶中混合备用。

以二氯甲烷为溶剂，配制一定比例 CE 树脂、PI 树脂和 HSMs［或 HSMs-NH$_2$，其中 PI 树脂占 CE 树脂的 5%（质量分数，下同），纳米填料占 CE 树脂的 1%、5%、10%、15%，搅拌加热至 100℃，继续搅拌 1h 后，再加入适量的催化剂，搅拌 10min 后，将上述共混物倒入提前预热的模具中，放入真空烘箱中抽真空，保持在 100℃ 左右进行脱泡，当模具共混物中只有少量气泡或气泡匀速上升时，大部分气泡已抽出，放空，取出模具，转入鼓风烘箱中进行固化。固化升温程序为 150℃/2h＋180℃/2h＋200℃/2h＋220℃/2h＋240℃/2h。待样品冷却至室温后，即得 x HSMs/PI/CE 和 x HSMs-NH$_2$/PI/CE 树脂复合材料，其中 x 是填料的含量。以同样的方法制备 PI/CE 复合材料。HSMs-NH$_2$/PI/CE 复合材料的制备如图 2.17 所示。

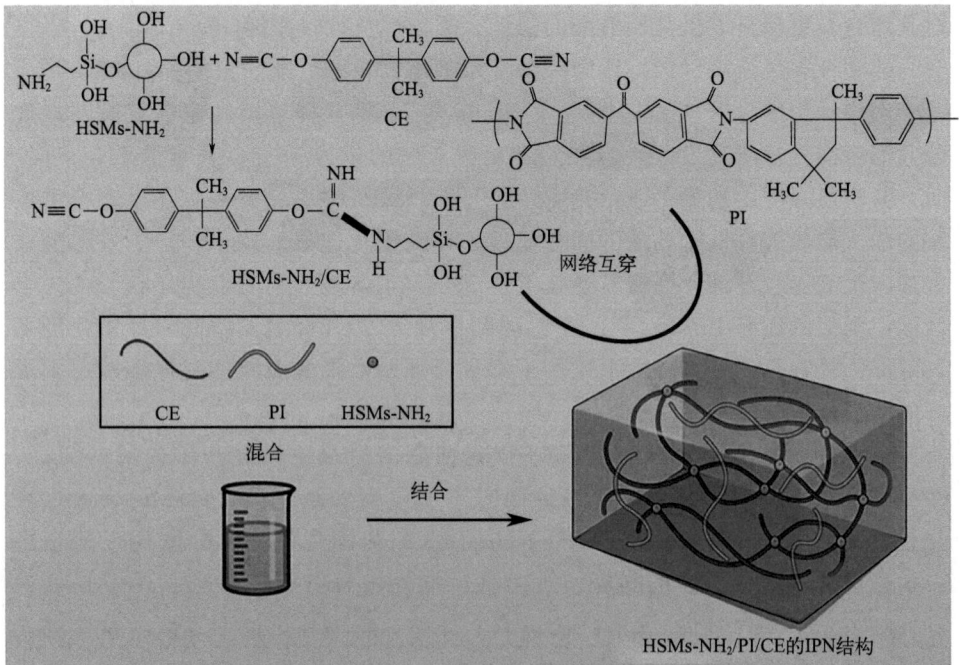

图 2.17　HSMs-NH$_2$/PI/CE 复合材料的制备过程

2.2.2　PI/CE 复合材料互穿网络结构的表征

互穿网络结构（IPN）是两种或两种以上聚合物单体经交联反应形成的一

种分子链相互缠绕的共混物结构，其中交联结构可以显著增强共混物的韧性。原子力显微镜（AFM）可以通过探针检测出样品表面的形貌和结构，从而分析树脂与树脂之间的交联情况。图 2.18 显示 5% PI/CE 复合材料的 AFM 图像，从图中可以看出较暗的区域为 PI 相，较亮的区域为 CE 相，两者在图中呈现明暗交替分布，表明两种树脂之间具有很好的相容性，间接证实了 PI/CE 复合材料具有互穿网络结构。

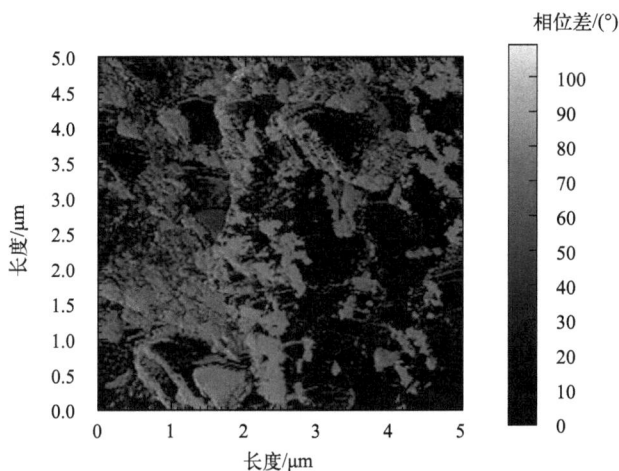

图 2.18　5% PI/CE 复合材料的 AFM 相图

2.2.3　HSMs/PI/CE 及 HSMs-NH₂/PI/CE 复合材料的固化机理

首先对 PI/CE 复合材料的固化过程进行分析，图 2.19 显示了 PI/CE 的 DSC 曲线，从图中可以发现，在 83℃左右出现 CE 树脂的吸热熔融峰，PI/CE 的放热峰出现在 250～350℃之间，且随着 PI 树脂的加入，放热峰逐渐左移且变宽，固化峰值温度从纯 CE 树脂的 327.7℃降至 15% PI 时的 291.2℃，说明 PI 树脂对 CE 树脂具有一定固化催化作用，能够加快氰基聚合为三嗪环，这可能是因为 PI 树脂中含有少量的氨基及羧基。此外，单一的吸热峰和放热峰也表明 PI 树脂与 CE 树脂之间具有良好的相容性[29]。图中 20% PI/CE 的固化峰值温度约为 292℃，与 15% PI/CE 接近。通过实验研究发现，PI 树脂与 CE 树脂共混时，PI 树脂的最大加入量约为 23%，随着 PI 树脂加入量增多，PI 树脂与 CE 树脂形成的互穿网络结构将会限制 CE 树脂的分子链而形成较大的位阻，故加入过多 PI 树脂时 PI/CE 固化温度降低变得不太明显。

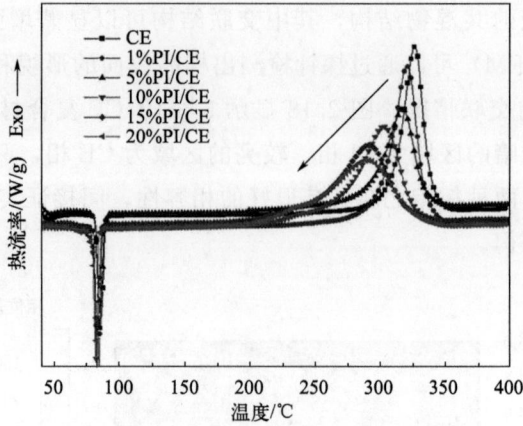

图 2.19 PI/CE 复合材料 DSC 曲线

图 2.20（a）探索了 HSMs/PI/CE 复合材料的固化机理。从表 2.4 中可以发现，加入 5% PI 后（PI/CE），其 T_i、T_p、T_f 分别为 287.1℃、318.5℃、335.4℃，都低于纯 CE 树脂。此外，在 HSMs 相同添加量条件下，HSMs/PI/CE 复合材料的 T_i、T_p、T_f 也都低于 HSMs/CE 复合材料，进一步说明 PI 树脂的加入能促进 CE 树脂及 HSMs/CE 复合材料的固化。此外，随着 HSMs 添加量的增加，固化放热峰趋向于变宽且向低温方向移动，与前文 15%PI/CE 与 20%PI/CE 类似的是，当 HSMs 质量分数为 10%、15%时，其固化峰曲线相似，固化峰温度较为接近，这是由于 HSMs 和 PI 两相的位阻叠加限制了 CE 链段运动。虽然 HSMs 和 PI 能促进 CE 树脂的固化，但过量的 HSMs 会导致其位阻效应占据主导地位，因此若要 CE 固化出更多三嗪环结构，需要更高的温度，在质量分数为 15%时其 T_i、T_p、T_f 达到最低，分别为 236.7℃、274.0℃、310.2℃。

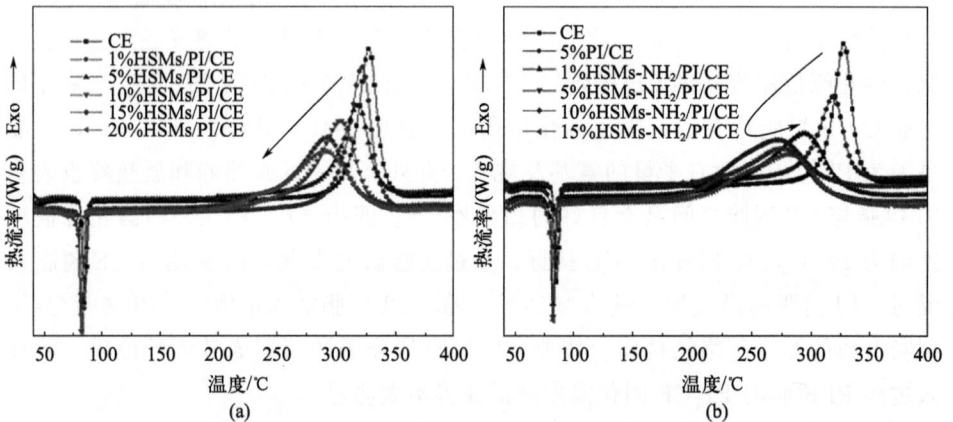

图 2.20 HSMs/PI/CE（a）及 HSMs-NH$_2$/PI/CE（b）复合材料 DSC 曲线

表 2.4　HSMs/PI/CE 及 HSMs-NH₂/PI/CE 复合材料 DSC 数据

样品	T_i/℃	T_p/℃	T_f/℃
CE	309.6	327.7	340.9
PI/CE[①]	287.1	318.5	335.4
1%HSMs/PI/CE	285.8	315.5	333.4
5%HSMs/PI/CE	255.3	301.3	327.5
10%HSMs/PI/CE	240.0	274.6	310.0
15%HSMs/PI/CE	236.7	274.0	310.2
1%HSMs-NH₂/PI/CE	185.4	293.7	326.5
5%HSMs-NH₂/PI/CE	172.3	274.5	316.1
10%HSMs-NH₂/PI/CE	192.7	271.6	313.6
15%HSMs-NH₂/PI/CE	202.8	280.9	317.8

①PI/CE 指的是 PI 加入量为 5%的复合材料。

图 2.20（b）显示了 HSMs-NH₂/PI/CE 复合材料 DSC 曲线，结合表 2.4，随着 PI 树脂的加入，HSMs-NH₂/PI/CE 显示出极低的 T_i，在较低的温度下就开始固化，其 T_p、T_f 也显著下降。HSMs-NH₂/PI/CE 复合材料中 HSMs-NH₂ 的加入量为 1%时其 T_i 为 185.4℃，远低于 1% HSMs/PI/CE 的 285.8℃，由此可见改性后的 HSMs-NH₂ 能显著降低 PI/CE 复合材料的固化初始温度，随着 HSMs-NH₂ 的增加其固化峰也大幅度向低温偏移。但在 HSMs-NH₂ 添加量在 15%时，其 T_i、T_p、T_f 有上升趋势，这主要是因为 PI 树脂会与 CE 树脂形成网络交联结构，会极大地限制 CE 树脂的链段运动，再加上 HSMs-NH₂ 除本身有一定位阻外还能与 CE 树脂发生反应，会更进一步限制复合体系中高分子链的运动，从而产生极大的位阻，因此加入过量 HSMs-NH₂ 时会导致固化温度增大。

图 2.21 显示了 HSMs/PI/CE 及 HSMs-NH₂/PI/CE 复合材料在不同固化温度下的红外光谱图。从图中可以发现，相较于二元共混物，在 1773cm⁻¹ 处增加了一新峰，此为 PI 树脂中酰亚胺环—C ═O 振动峰，且在未进行固化时在 1367cm⁻¹ 处也有明显的峰，此为 PI 树脂中的—C—N 振动峰，由此证明 PI 树脂能与 CE 树脂很好地相容，随着固化的进行，—C—N 振动峰与三嗪环峰重合，2271cm⁻¹、2235cm⁻¹ 处峰逐渐减弱并在 240℃时完全消失，此时两种复合材料都固化完全。

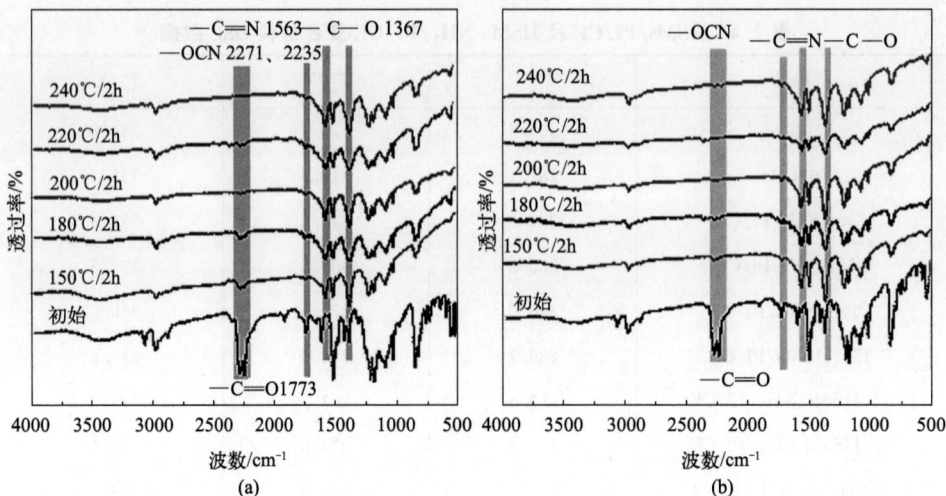

图 2.21 HSMs/PI/CE （a） 及 HSMs-NH$_2$/PI/CE （b） 不同固化温度下红外光谱图

2.2.4　HSMs/PI/CE 及 HSMs -NH$_2$/PI/CE 复合材料的动态热力学性能

　　利用动态热力学分析仪，分析 HSMs/PI/CE 及 HSMs-NH$_2$/PI/CE 复合材料的玻璃化转变温度及模量，同时利用前文提及的式（2.1）计算复合材料的交联密度。图 2.22 显示了 HSMs/PI/CE 复合材料的 DMA 曲线，发现 PI/CE 复合材料呈现单一 tanδ 峰，证明 PI 树脂与 CE 树脂能很好地相容。PI 树脂由于本身具有苯环结构，有较大的体积[30]，因此 PI 树脂的加入增大了 CE 树脂链段之间的相对距离，导致交联密度下降，PI/CE 的 T_g 较 CE 树脂（250.2℃）下降至 245.8℃，但由于 PI 树脂与 CE 树脂生成的网络交联结构具有更强的刚性，其模量较纯 CE 树脂略有增加。

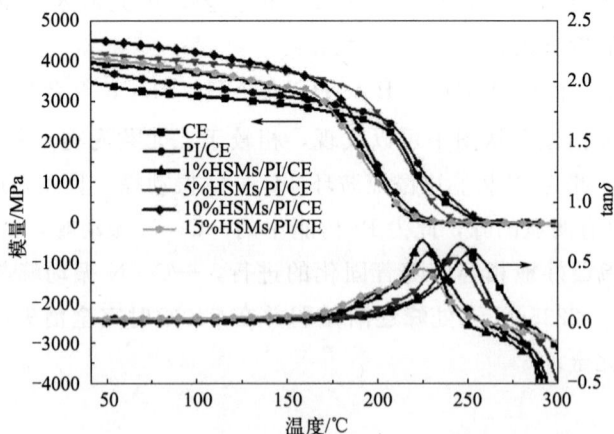

图 2.22　HSMs/PI/CE 复合材料 DMA 曲线

从表 2.5 可发现，随着 HSMs 的加入，复合材料的模量得到了有效提升，在 10% 时达到最大，为 4549.1MPa，这也是因为具有刚性结构的 HSMs 对复合材料有增强作用，然而过多的 HSMs 会在 PI/CE 中分散不均，甚至可能会破坏 PI/CE 的互穿网络结构而导致模量下降。复合材料的 T_g 在 5% HSMs 加入量时达到最大，为 242.2℃，随着 HSMs 的继续加入，在 10% 添加量时为 228.0℃，仅比纯 CE 树脂下降约 22.2℃，说明经 PI 树脂和 HSMs 改性后的 CE 树脂仍能保持在一个良好的玻璃化转变温度。

图 2.23 显示了 HSMs-NH$_2$/PI/CE 复合材料的 DMA 曲线，从图中可以看出，HSMs-NH$_2$/PI/CE 在 1%、5% 纳米粒子添加量时，模量远高于 HSMs/PI/CE，这是因为 HSMs-NH$_2$ 在 PI/CE 中展现出更低的固化温度，能与氰基反应并促进刚性三嗪环的形成，在 HSMs-NH$_2$ 添加为 5% 时其模量为 4535.6MPa，然而随着纳米粒子添加量继续增加，HSMs-NH$_2$ 在除本身位阻外，其—NH$_2$ 基团能与 CE 树脂发生反应，因而生成的规整的三嗪环较少而导致模量下降。此外，通过对 tanδ 峰的分析发现，随着 HSMs-NH$_2$ 的加入，tanδ 峰逐渐左移且变宽，这也证实了纳米粒子的加入会在一定程度上破坏 CE 树脂稳定的三嗪环结构，从而降低 T_g。研究发现，复合材料的 T_g 随着 HSMs-NH$_2$ 添加量增加从 211.5℃ 降至 211.5℃，其中 10% 添加量时为 215.5℃，这也是因为 HSMs-NH$_2$ 破坏了 PI/CE 的互穿网络结构，提高了 CE 与 PI 分子链的运动能力，但总体来说，HSMs/PI/CE 及 HSMs-NH$_2$/PI/CE 复合材料仍保持在一个较高的 T_g，仍能满足低介电聚合物材料的要求。

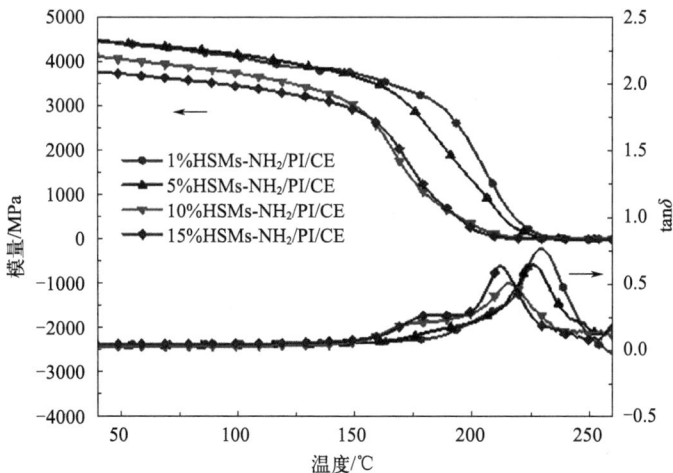

图 2.23　HSMs-NH$_2$/PI/CE 复合材料 DMA 曲线

表 2.5 HSMs/PI/CE 及 HSMs-NH$_2$/PI/CE 复合材料 DMA 数据

样品	$E'(40℃)/MPa$	$T_g/℃$	$\rho/(mol/m^3)$
CE	3515.2	250.2	$1.62×10^{-3}$
PI/CE	3856.6	245.8	$1.17×10^{-3}$
1%HSMs/PI/CE	3993.8	224.5	$1.19×10^{-3}$
5%HSMs/PI/CE	4238.4	242.2	$1.56×10^{-3}$
10%HSMs/PI/CE	4549.1	228.0	$1.71×10^{-3}$
15%HSMs/PI/CE	4112.9	223.8	$2.33×10^{-3}$
1%HSMs-NH$_2$/PI/CE	4507.3	229.7	$1.09×10^{-3}$
5%HSMs-NH$_2$/PI/CE	4535.6	224.6	$1.12×10^{-3}$
10%HSMs-NH$_2$/PI/CE	4170.8	215.5	$1.96×10^{-3}$
15%HSMs-NH$_2$/PI/CE	3812.4	211.5	$1.16×10^{-3}$

2.2.5 HSMs/PI/CE 及 HSMs -NH$_2$/PI/CE 复合材料的介电性能

前文提过，除通过引入孔洞结构外，也可以通过引入大体积基团来降低介电常数，在 CE 树脂引入具有脂环结构的聚酰亚胺，也能提高介电性能[31]。从图 2.24（a）PI/CE 复合材料的介电常数随频率变化曲线中可以看出，加入 5% 的 PI 时，其介电常数在 10^6 Hz 时最低降至 3.10，这主要是因为：①聚酰亚胺中所含的大量脂环结构存在一定的位阻效应，增大了分子间斥力，从而增大了复合材料的空间自由度[32]；②聚酰亚胺的加入能降低 CE 树脂的交联密度，与氰酸酯形成的网络交联结构能增加自由体积；③聚酰亚胺能催化 CE 树脂固化，

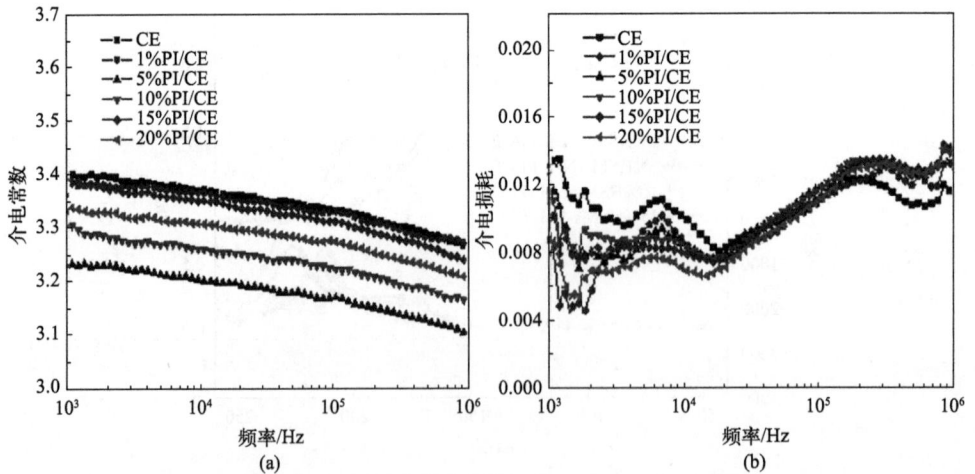

图 2.24 PI/CE 复合材料的介电常数（a）和介电损耗（b）

使其形成更多具有低极性的三嗪环。然而据文献报道[29]，随着过量聚酰亚胺的加入，氰酸酯与聚酰亚胺会出现相分离现象，从而增加整个复合材料的界面极化而导致介电常数降低，此外过量的聚酰亚胺也会增大交联密度而减少自由体积，在加入20%时其介电常数为3.20，因此本实验后续用于改性CE的PI树脂量选择为5%。

从图2.24（b）PI/CE介电损耗随频率变化曲线中可以发现，在低频下聚酰亚胺加入量越多，介电损耗越低，5%PI/CE在10^4Hz时为0.008，低于纯CE树脂的0.010，但随着频率的增加，界面极化作用以及聚酰亚胺中微量羟基和羧基造成的偶极极化[29]，都会导致复合材料介电损耗增高，20%聚酰亚胺添加量在10^6Hz时为0.0135。

图2.25（a）显示了HSMs/PI/CE复合材料的介电常数，当HSMs的添加量为10%时在10^6Hz下的介电常数为2.58，相较纯CE树脂的3.27下降了将近21.1%，这主要是由于HSMs的空腔结构提供了大量空隙以及聚酰亚胺的加入促进了整个复合材料自由体积的增大，HSMs加入量为10%时介电常数最低，说明聚酰亚胺能提高HSMs在CE树脂中的分散性。然而聚酰亚胺本身存在一定的内阻，与氰酸酯形成的网络交联结构会限制分子链的运动，加入过量HSMs时不仅HSMs自身会发生团聚，也会增加内阻及交联密度，同时也会增加HSMs与聚酰亚胺之间的界面极化，从而使得介电常数下降，在添加量为15%时，介电常数略微升高至2.74。

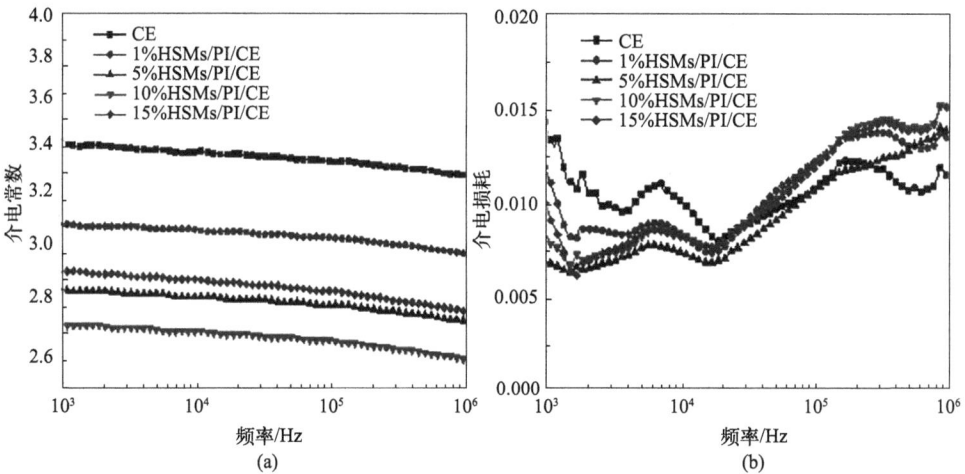

图2.25 HSMs/PI/CE复合材料的介电常数（a）和介电损耗（b）

从图2.25（b）中可以发现，HSMs/PI/CE复合材料介电损耗随频率增加也是呈现先降低后增高的趋势，聚合物介电损耗的产生主要是因为界面极化及偶极极化，其中界面极化主要集中在 $10^3\,Hz$ 以下，而偶极极化集中在 $10^3\sim10^{10}\,Hz$。在 $10^3\sim10^4\,Hz$ 时，界面极化效应减弱，介电损耗逐渐下降，复合材料中的三嗪环、—OH 等基团还能跟上电场的变化，弛豫时间较少，能够及时建立取向极化，随着频率增加，在 $10^4\sim10^5\,Hz$，三嗪环偶极子由于较大的体积，难以跟上电场的变化速率，为克服分子热运动而导致能量损耗，产生热量，从而提高了复合材料的介电损耗，在 $10^5\sim10^6\,Hz$，较小的基团如—OH 等也很难跟上电场的变化速率，介电损耗持续增大。此外，随着 HSMs 的逐渐增多，HSMs 与聚酰亚胺链和 CE 链段间的氢键作用也加强，也使得介电损耗增加。在 $10^6\,Hz$ 时，10%添加量时介电损耗为 0.0148。

图 2.26 显示了 HSMs-NH$_2$/PI/CE 复合材料的介电常数及介电损耗，从图 (a) 中可以发现，在 HSMs-NH$_2$ 添加量为 10%（质量分数）时，介电常数达到最低，为 2.68，比纯 CE 树脂降低了约 18.1%，这主要也归因于 HSMs-NH$_2$ 的中空结构能大幅度降低 CE 树脂的介电常数，相较于同比例的 HSMs/PI/CE，其介电常数略有提高，这主要是因为 HSMs-NH$_2$ 能更好地与聚酰亚胺及 CE 树脂结合，交联密度有所增大，减小了复合材料的自由体积。从图 (b) 中可以发现，其介电损耗随着 HSMs-NH$_2$ 的添加量逐渐增高，在 $10^6\,Hz$ 时添加量 10% 时介电损耗为 0.0141，比纯 CE 提高约 28%，相同添加量下相较于 HSMs/PI/CE，其介电损耗较高，这主要是因为 HSMs-NH$_2$/PI/CE 复合材料中存在着更多的基团如—CH$_3$、NH—(C≡NH)—O 及少量未反应的—NH$_2$，更多的基团在 $10^3\sim10^6\,Hz$ 时难以跟上电场变化速率而导致其介电损耗相对较大。

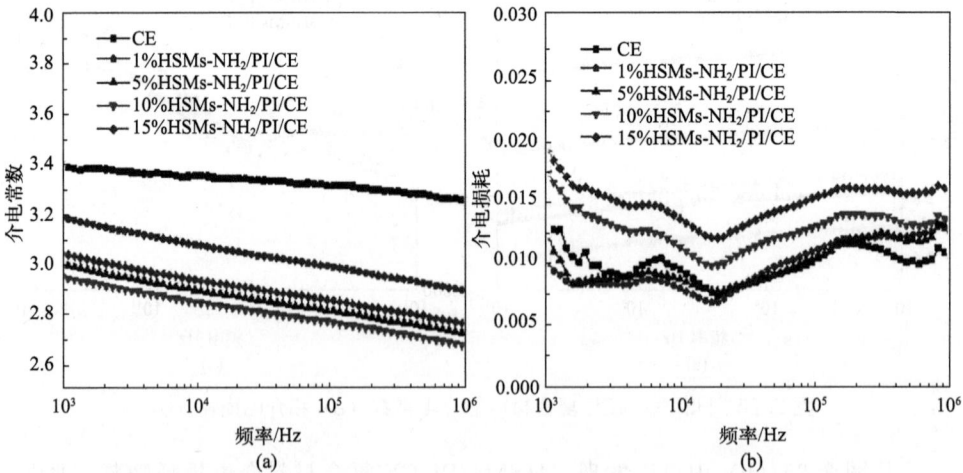

图 2.26 HSMs-NH$_2$/PI/CE 复合材料的介电常数（a）和介电损耗（b）

2.2.6 HSMs/PI/CE 及 HSMs-NH₂/PI/CE 复合材料的热稳定性

通过 TGA 分析了 HSMs/PI/CE 及 HSMs-NH$_2$/PI/CE 复合材料的热稳定性，从图 2.27 和表 2.6 可以看出，PI/CE 的 T_{d5} 及耐热指数分别为 364.8℃、192.39℃，相较于 CE 树脂有大幅度的降低，这主要是因为 PI 树脂的加入降低了 CE 树脂的交联密度，形成的网络交联结构增大了 CE 树脂分子链之间的距离。

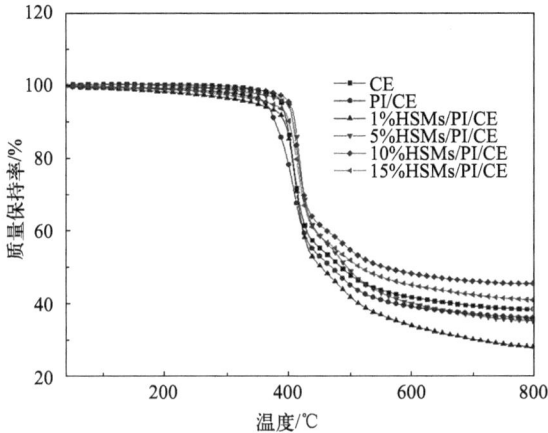

图 2.27　HSMs/PI/CE 复合材料 TGA 曲线

少量纳米粒子的添加量时，HSMs/PI/CE 的 T_{d5} 也低于 HSMs/CE，进一步说明 PI 树脂的加入对 CE 树脂及 HSMs/CE 的耐热性有消极影响。但随着具有刚性结构及高键能的 HSMs 的添加量逐渐增多，HSMs/PI/CE 复合材料的热稳定性又逐步提高，添加量为 10% 时，T_{d5} 及耐热指数分别为 400.9℃、203.7℃，都远高于纯 CE 树脂及 PI/CE 复合材料。

图 2.28 显示了 HSMs-NH$_2$/PI/CE 的 TGA 曲线，由于 HSMs-NH$_2$ 能够更加充分地分散在整个体系中，能够起到很好的阻隔和保护作用，阻碍了高热分解物的扩散，因此与 PI/CE 相比，即使加入 1%（质量分数）的 HSMs-NH$_2$，也依然有较好的热稳定性，在 HSMs-NH$_2$ 添加量为 10% 时，其 T_{d5} 及耐热指数分别为 388.2℃ 及 199.98℃，仍显示出良好的热稳定性。值得注意的是，HSMs-NH$_2$ 的 Si—O—Si 所具有的高键能展现出极好的耐热性及与树脂表面的结合能力，能够减缓复合材料的分解速度，有效地改善复合材料的热稳定性。

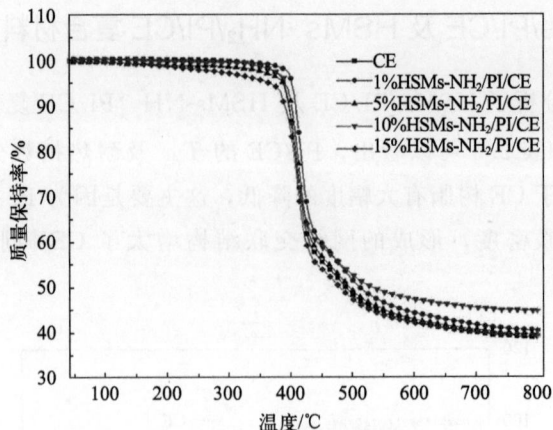

图 2.28 HSMs-NH₂/PI/CE 复合材料 TGA 曲线

表 2.6 HSMs/PI/CE 及 HSMs-NH₂/PI/CE 复合材料 TGA 数据

样品	T_{d5}/℃	T_{d30}/℃	T_{HRI}^a/℃
PI/CE	364.8	411.2	192.39
1%HSMs/PI/CE	343.3	414.5	189.15
5%HSMs/PI/CE	398.0	425.3	203.05
10%HSMs/PI/CE	400.9	425.6	203.70
15%HSMs/PI/CE	373.2	422.6	197.39
1%HSMs-NH₂/PI/CE	404.2	426.1	204.50
5%HSMs-NH₂/PI/CE	391.9	422.2	200.94
10%HSMs-NH₂/PI/CE	388.2	421.4	199.98
15%HSMs-NH₂/PI/CE	391.7	421.9	200.81

2.2.7 HSMs/PI/CE 及 HSMs-NH₂/PI/CE 复合材料的疏水性

低吸水率是介电材料必备的性质之一，加入 PI 树脂后对复合材料的接触角及吸水率也有极大的影响，从图 2.29 HSMs/PI/CE 复合材料的接触角及吸水率曲线可以观察到，PI/CE 复合材料的接触角及七日吸水率分别为 79.0° 和 0.688%，较 CE 树脂疏水性有所降低，这是因为虽然 PI 树脂与 CE 树脂能形成互穿网络结构而减小 CE 分子空隙，但由于 PI 树脂本身具有较高的吸水性，因而加入 PI 树脂后疏水性减弱。但随着 HSMs 的加入量增加其疏水性又逐渐增强，在添加量为 10% 时接触角为 88.8°，七日吸水率为 0.633%，这主要是由 HSMs 的疏水骨架 Si—O—Si 导致的。随着时间的推移，复合材料网络系统逐渐达到饱和，吸水率增量逐渐降低。

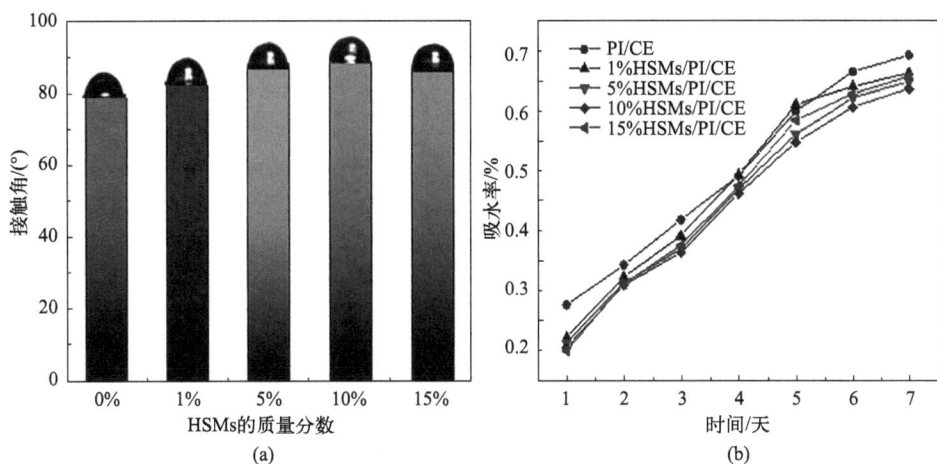

图 2.29　HSMs/PI/CE 复合材料接触角（a）及吸水率（b）

对于 HSMs-NH$_2$/PI/CE 复合材料，研究发现其显示出更好的疏水性，从图 2.30 中可知，HSMs-NH$_2$ 的加入量为 10％时，接触角达 98.3°，七日吸水率为 0.563％，吸水率比纯 CE 树脂降低约 16.5％，疏水性明显提高。这是因为 PI 的加入减少了 CE 分子链空隙，HSMs-NH$_2$ 所具有的疏水骨架及—NH$_2$ 基团能更好地与 CE 树脂结合，多重原因下，该复合材料的吸水率大大降低，非常适合低介电材料的应用。

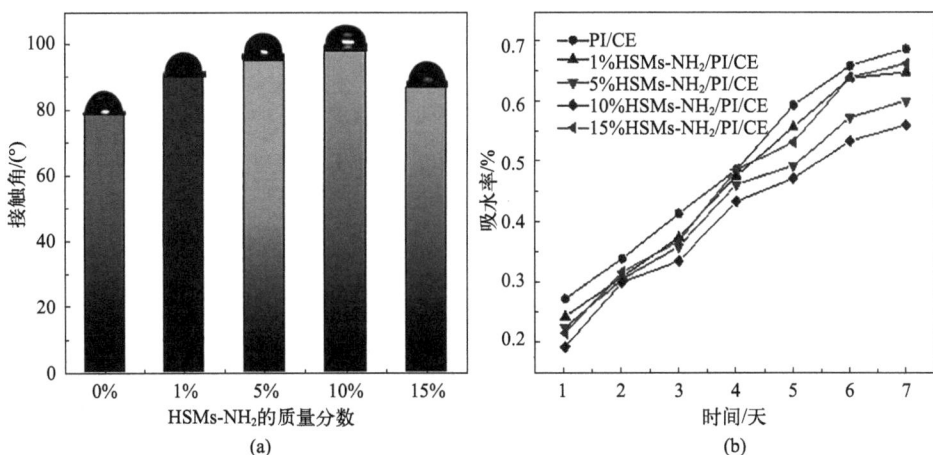

图 2.30　HSMs-NH$_2$/PI/CE 复合材料接触角（a）及吸水率（b）

2.2.8　HSMs/PI/CE 及 HSMs-NH$_2$/PI/CE 复合材料的韧性

加入 PI 树脂后，复合材料的韧性得到了显著增强，从图 2.31 可知，PI/CE

的冲击强度为 25.68kJ/m²，冲击强度相较纯 CE 树脂略有增加，这主要归因于 PI 树脂能与 CE 树脂形成网络交联结构。此外，PI 树脂的加入能降低整个复合材料的交联密度，如图 2.32 所示，PI 树脂与 CE 树脂断面有大量的小裂纹，其能很好地阻止能量扩散，这是韧性断裂的特征[33]。随着少量 HSMs 填料的加入，如图（b）～图（d）所示，其能很好地分散在 PI 与 CE 基体之间，起到刚性颗粒增强复合材料韧性的作用，在 5% 添加量时强度达到最高，为 31.28kJ/m²，进一步添加填料后，HSMs 不可避免地会形成团聚，如图（f）所示，添加量为 15% 时，冲击强度会下降至 19.37kJ/m²。

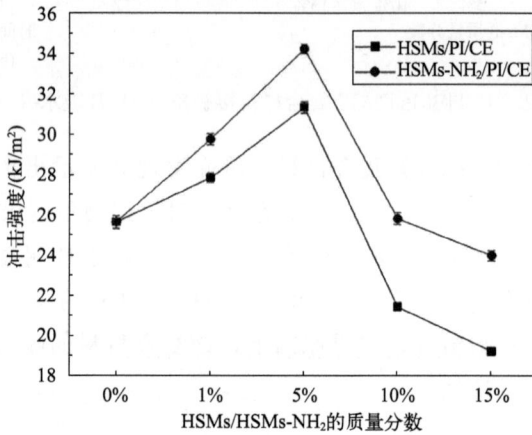

图 2.31　HSMs/PI/CE 及 HSMs-NH₂/PI/CE 复合材料的冲击强度

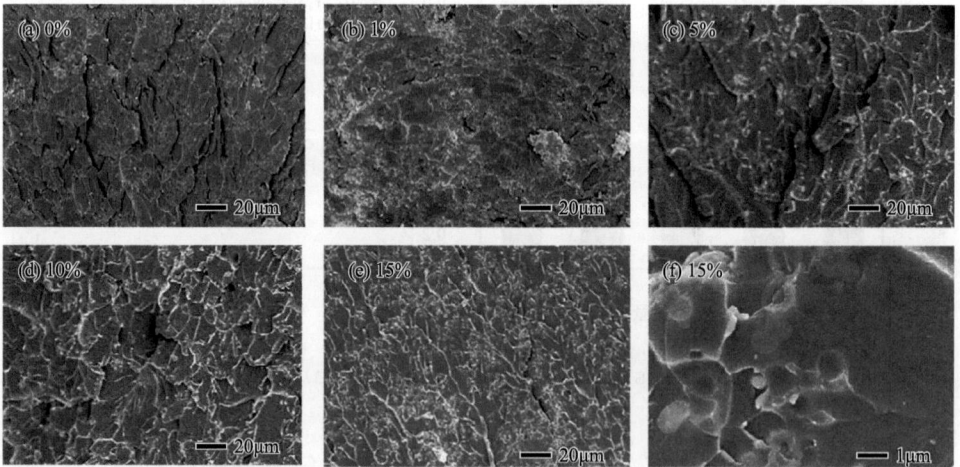

图 2.32　HSMs/PI/CE 复合材料的冲击断面 SEM 图

HSMs-NH$_2$/PI/CE 显示出更优异的韧性，如图 2.31 所示，在 5％添加量时冲击强度为 34.13kJ/m^2，比纯 CE 树脂提高了 40.16％，这主要是因为 HSMs-NH$_2$ 颗粒间相互作用力减弱，如图 2.33（a）～（c）所示，其能更好地分散在 CE 基体中，同时与 CE 树脂发生反应，使结合得更加牢固。此外，HSMs-NH$_2$ 的加入能填充 PI 与 CE 之间的空隙，进一步降低材料的交联密度而提高韧性。加入过量时，如图（f）所示，会因为 HSMs-NH$_2$ 分子的团聚而在复合材料内部造成缺陷，导致应力集中而韧性下降。添加量为 15％时，冲击强度为 24.05kJ/m^2，与 CE 树脂相差不大，但总体而言，HSMs-NH$_2$/PI/CE 显示出非常好的力学性能。

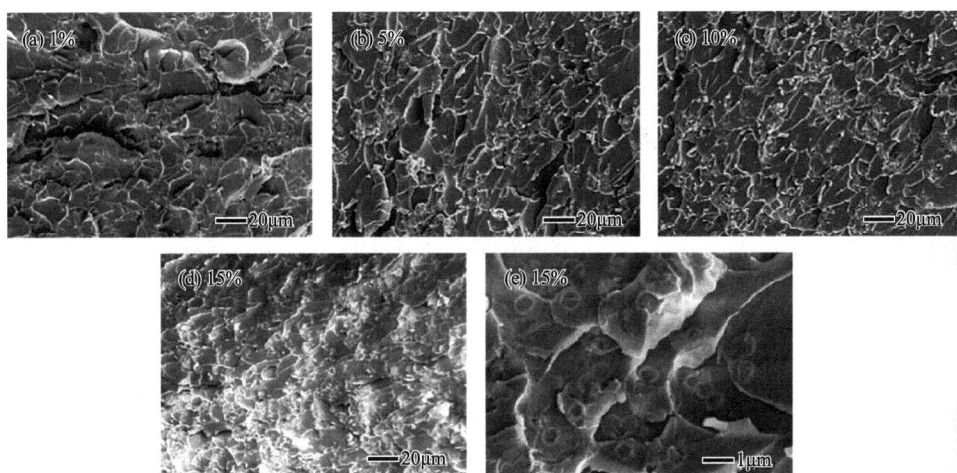

图 2.33 HSMs-NH$_2$/PI/CE 复合材料的冲击断面 SEM 图

2.3 小结

随着 5G 通信技术的飞速发展，作为集成电路重要组成之一的 PCB 基板的研究备受关注，传统的 PCB 基板因为介电常数较高已经不适应于当前的市场需求，为了提高信号的传输速率及效率，研发出低介电常数、低介电损耗的高性能材料已经刻不容缓。氰酸酯（CE）因拥有较低的介电常数和介电损耗，以及良好的耐热性及疏水性，而在众多低介电高分子材料中脱颖而出，其在高性能印制电路板、电磁屏蔽、电子通信等领域扮演着重要角色。然而氰酸酯的介电常数一般维持在 3.4 左右，还处在较高的水平，需要进一步降低。传统降低材料介电常数的方法包括引入低极性基团、大体积基团及多孔结构，其中引入多孔结构因其操作简便而普遍应用。中空二氧化硅（HSMs），作为一种性能优越的纳米填料引起了人们的重视，其在介电领域也有着良好的发展前景。本章制备得到中空二氧化硅（HSMs）及功能化后的氨基中空二氧化硅（HSMs-NH$_2$），作为填料改性氰酸酯树脂，同时针对氰酸酯树脂韧性较差的缺点引入了聚酰亚胺（PI）树脂，制备出了一系列性能优异的复合材料。

以水热法合成不同粒径碳球，并以此为模板合成 200nm、300nm、500nm 三种粒径 HSMs，并使用 APTES 改性制备出 HSMs-NH$_2$，通过 XPS 和 TGA 测试得出 HSMs-NH$_2$ 表面 N 元素约为 7.47%，APTES 改性接枝密度为 0.42872mmol/g。

在 HSMs/CE 及 HSMs-NH$_2$/CE 复合体系中，通过 DSC 分析发现，两种纳米粒子都能显著降低 CE 树脂固化温度。DMA 数据显示，当纳米粒子添加量为 10% 时，由于破坏了 CE 树脂三嗪环稳定结构，T_g 分别为 240.5℃、232.4℃，虽较 CE 树脂低，但仍能满足介电材料的要求。由于 HSMs 含有大量空气，能显著降低复合材料的介电常数，经研究发现，300nm 粒径的 HSMs 更适合本体系，且 HSMs/CE 及 HSMs-NH$_2$/CE 介电常数低至 2.70、2.78。通过 TGA、接触角、七日吸水率测试得出 HSMs/CE 及 HSMs-NH$_2$/CE 复合材料耐热性、疏水性显著提高，在添加量为 10% 时，其 T_{d5} 分别为 396.2℃、390.6℃，七日吸水率分别为 0.646%、0.607%，这主要归因于 Si—O—Si 高键能和疏水骨架。然而由于高含量下 HSMs 及 HSMs-NH$_2$ 在 CE 树脂中分散性较差，其冲击强度都不太理想。

在 HSMs/PI/CE 及 HSMs-NH$_2$/PI/CE 复合体系中，通过 DSC 分析复合材料的吸热放热峰曲线发现，适量的 HSMs 及 HSMs-NH$_2$ 在 PI/CE 体系中仍能起到降低固化温度的作用，当 HSMs 及 HSMs-NH$_2$ 为 10% 时其复合材料固化温度分别为 274.6℃、271.6℃，通过 FTIR 测试证实 PI 树脂能与 CE 树脂很好地相容。PI 树脂与 CE 共混，能增大材料的自由体积，降低交联密度。5% PI/CE 的介电常数最低为 3.10（10^{6}Hz），介电损耗为 0.008（10^{4}Hz）。此外，凭借纳米粒子的中空结构，HSMs/PI/CE 及 HSMs-NH$_2$/PI/CE 复合材料都显示出较低的介电常数及介电损耗，分别为 2.58、2.68 及 0.0148、0.0141。当纳米粒子的添加量为 10% 时，HSMs/PI/CE 及 HSMs-NH$_2$/PI/CE 复合材料的 T_g 分别为 228.0℃、215.5℃，T_{d5} 分别为 400.9℃、388.2℃，相对于纯 CE 树脂，T_g 下降幅度不大，耐热性仍保持在一个良好的水平。PI 树脂的加入能减少纳米粒子与 CE 树脂之间的空隙，当纳米粒子添加量为 10% 时，HSMs/PI/CE 及 HSMs-NH$_2$/PI/CE 的接触角都显著增大至 88.8°、98.3°，七日吸水率分别为 0.633%、0.563%。

参考文献

[1] 郭等锋. 纳米二氧化硅/聚氨酯协同改性环氧树脂冲蚀磨损性能研究 [D]. 兰州：兰州交通大学，2018.

[2] Devaraju S, Vengatesan M R, Selvi M, et al. Mesoporous silica reinforced cyanate ester nanocomposites for low k dielectric applications [J]. Microporous and Mesoporous Materials, 2013, 179: 157-164.

[3] Lu Y, Lin Q, Ren W, et al. Investigation on the preparation and properties of low-dielectric ethylene-vinyl acetate rubber / mesoporous silica composites [J]. Journal of Polymer Research, 2015, 22 (4): 56.

[4] Hu J T, Gu A J, Liang G Z, et al. Synthesis of mesoporous silica and its modification of bismaleimide/cyanate ester resin with improved thermal and dielectric properties [J]. Polymers for Advanced Technologies, 2012, 23 (3): 454-462.

[5] 乔海涛，包建文，钟翔宇，等. 氰酸酯树脂的改性与固化特性的热分析 [J]. 航空材料学报，2019, 39 (06): 63-72.

[6] Jiang W X, Zhang X H, Chen D, et al. High performance low-k anwave-transparent cyanate ester resins modified with a novel bismaleimide hollow polymer microsphere [J]. Composites, Part B: Engineering, 2021 (222): 109401.

[7] 王君龙. 纳米二氧化硅粒子改性氰酸酯树脂的研究 [D]. 西安：西北工业大学，2007.

[8] 朱小蒙. 双马来酰亚胺/氰酸酯共混树脂体系的制备及性能研究 [D]. 黑龙江：黑龙江省科学院石油化学研究院，2020.

[9] Zhou Y J, Zhang Z W, Wang P R, et al. High-performance and low-dielectric cyanate ester resin optimized by regulating the structure of linear polyhydroxy ether modifier [J]. Composites Part A, 2022, 162: 107136.

[10] Qin M, Zhang L M, Wu H J. Dielectric loss mechanism in electromagnetic wave absorbing materials [J]. Advanced Science, 2022, 9 (10): 2105553.

[11] Zhang X Q, Yan F P, Du X M, et al. Broadband water-based metamaterial absorber with wide angle andthermal stability [J]. Aip Advances, 2020, 10 (5): 055211.

[12] Zhang X, Zhang Y, Zhang X L, et al. Interface design and dielectric response behavior of SiO_2/PB composites with low dielectric constant and ultra-low dielectric loss [J]. Surfaces and Interfaces, 2021, 22: 100807.

[13] Wang B, Zhang Z H, Xing L C, et al. Integrated dielectric model for unconsolidated porous media containing hydrate [J]. IEEE Transactions on Geoscience and Remote Sensing, 2020, 59 (7): 5563-5578.

[14] 姚雪丽. 二氧化硅/氰酸酯树脂基纳米复合材料的研究 [D]. 西安：西北工业大

学，2006.

[15] Wang C，Tang Y S，Zhou Y X，et al. Cyanate ester resins toughened with epoxy-termina-ted and fluorine-containingpolyaryletherketone [J]. Polymer Chemistry，2021，21：3753-3761.

[16] Zhao W J，Lu C H，Zhao H，et al. Achieving hydrophobic ultralow dielectric constant polyimide composites：Combined efforts of fluorination and porous fillers [J]. Macromo-lecular Materials and Engineering，2022，307（9）：2200291.

[17] Guo Y Q，Lyu Z Y，Yang X T. et al. Enhanced thermal conductivities and decreased ther-mal resistances of functionalized boron nitride/polyimide composites [J]. Composites Part B：Engineering，2019，164：732-739.

[18] Toh M J，Oh P C，Ahmad A L，et al. Enhancing membrane wetting resistance through superhydrophobic modification by polydimethylsilane-grafted-SiO₂ nanoparticles [J]. Korean Journal of Chemical Engineering，2019，36（11）：1854-1858.

[19] 李加鹏. 纳米二氧化硅改性热固性树脂的研究 [D]. 南京：南京大学，2016.

[20] He X Z，Seri P，Rytoluoto I，et al. Dielectric performance of silica-filled nanocomposites based on miscible（PP/PP-HI）and immiscible（PP/EOC）polymer blends [J]. IEEE Access，2021，9：15847-15859.

[21] Qi C H，ZhuZ，Wang C L，et al. Anomalously low dielectric constant of ordered interfacial water [J]. Journal of Physical Chemistry Letters，2021，12（2）：931-937.

[22] Zhao Y T，Hao T H，Wu W，et al. A novel moisture-controlled siloxane-modified hyper-branched waterborne polyurethane for durable superhydrophobic coatings [J]. Applied Surface Science，2022，587：152446.

[23] Li X D，Hu X Y，Liu X Q，et al. Anoval approach to obtain low dielectric materials：Changing curing mechanism of bismaleimide triazine resin with ZIF-8 [J]. Journal of Materials Scienc，2021，56：15767-15781.

[24] Liu R，Yan HG，Zhang Y B. Cyanate ester resins containing Si-O-C hyperbranched polysi-loxane with favorable curing processability and toughness for electronic packaging [J]. Chemical Engineering Journal，2022，43（3）：133827.

[25] Wang J Q，Tan V B. Effects of relative positions of defect to inclusion on nanocomposite strength [J]. Materials，2022，15（14）：4906.

[26] 刘敬峰，张德文，杨慧丽，等. 双马来酰亚胺改性氰酸酯树脂及其复合材料 [J]. 热固性树脂，2008（02）：11-14.

[27] Wang M H，Yu Y F，Zhan G Z，et al. Morphology and mechanical properties of poly（ether-imide）-modifiedpolycyanurates [J]. Colloid and Polymerscience，2006，284：1379-1385.

[28] Wang Z W，Li S Z，Wang J H，et al. Dielectric and mechanical properties of polyimide fiber reinforced cyanate ester resin composites with varying resin contents [J]. Journal of

Polymer Research, 2020, 27: 160.

[29] Liu J F, Fan W F, Lu G, et al. Semi-interpenetrating polymer networks based on cyanate ester and highly soluble thermoplastic polyimide [J]. Polymers, 2019, 11 (5): 862.

[30] Bei R X, Qian C, Zhang Y, et al. Intrinsic low dielectric constant polyimides: relationship between molecular structure and dielectric properties [J]. Journal of Materials Chemistry C, 2017, 5 (48): 12807-12815.

[31] Wang Z H, Fang G Q, He J J, et al. Semiaromatic thermosetting polyimide resins containing alicyclic units for achieving low melt viscosity and low dielectric coconstant [J]. Reactive and Functional Polymers, 2020, 146: 104411.

[32] Zhang M, Liu W, Gao X, et al. Preparation and characterization of semi-alicyclic polyimides containing trifluoromethyl groups for optoelectronic application [J]. Polymers, 2020, 12 (7): 1532.

[33] Xu P J, Wu Fan, HanI, et al. Research on properties of composite based on polyether sulfone/cyanate ester semi-interpenetrating resin system [J]. Polymer Composites, 2022, 44 (1): 156-167

第三章
苯并噁嗪树脂

3.1 官能化笼型倍半硅氧烷

官能化笼型倍半硅氧烷是笼型倍半硅氧烷（POSS）衍生物的统称，其中可以分为单官能团 POSS 与多官能团 POSS。在单官能团 POSS 方面，八个顶角基团中一个为活性基团与 7 个为惰性基团，其中活性基团能够与多种聚合物单体反应，制备出 POSS 共聚物，例如主链接枝 POSS 共聚物、封端 POSS 杂化材料。在多官能团 POSS 方面，八个顶角基团中有多个活性基团，其在热固性树脂领域可以作为交联剂，制备出高交联密度的 POSS 基聚合物纳米杂化材料。

如图 3.1 所示，在 POSS 顶角 R 基上，设计连接苯并噁嗪基团，合成苯并噁嗪基 POSS，通过苯并噁嗪基团的刚性以及反应性，解决 POSS 在苯并噁嗪中的分散性及相容性问题。同时，在此基础上，设计将 R 基替代为环氧基团，通过引入柔性醚键，改善苯并噁嗪的脆性。

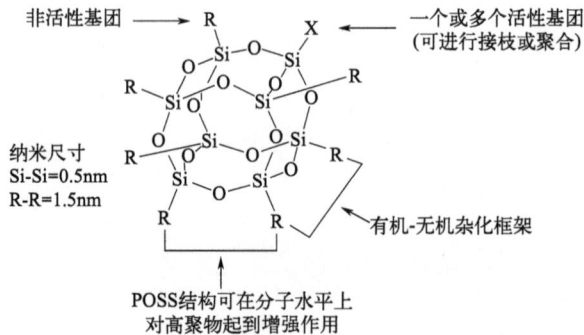

图 3.1　POSS 单体的结构

3.1.1 苯并噁嗪（BA-a）的合成

本章所用的苯并噁嗪是用溶剂法合成的双酚 A 型苯并噁嗪。在 80℃水浴中溶解 138g 多聚甲醛（200g 水），加入氢氧化钠调节 pH 到 9～10；温度在 80℃

时多聚甲醛的溶解速率最快。将多聚甲醛完全溶解至透明后，将体系温度下降到 30℃ 以下。控制温度达到 40℃ 时，加入甲苯 200g、双酚 A 228g，调节 pH 为 9~10。升温至 50℃，加入 186g 苯胺，使用恒压滴液漏斗进行滴加，滴加速率为一管 20min，体系逐渐变为乳白色。滴加完毕后升温至 80℃，反应 4h。反应完成后，调节温度至 50℃，静置分层，分离出下层黄色液体。使用热水加碱液清洗，清洗时应用玻璃棒搅拌，在洗涤干净后进行分离；再使用无水乙醇加碱液清洗，反复洗涤至中性时进行分离、干燥，静置得到浅黄色固体。图 3.2 为双酚 A 型苯并噁嗪树脂的合成反应。

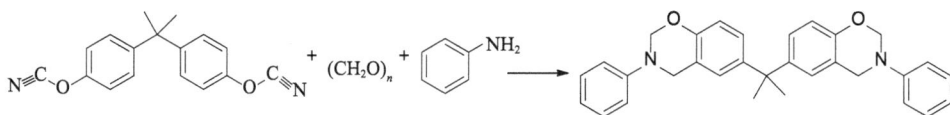

图 3.2 双酚 A 型苯并噁嗪的简易合成路线图

3.1.2 苯并噁嗪基笼型倍半硅氧烷（BZPOSS）的合成

以八苯基笼型倍半硅氧烷（T$_8$）为原料，硝化得到八硝基苯基 POSS（ONPS），加氢还原为八氨基苯基 POSS（OAPS）。以 OAPS 为胺源，合成苯并噁嗪基 POSS（BZPOSS），合成路线见图 3.3。

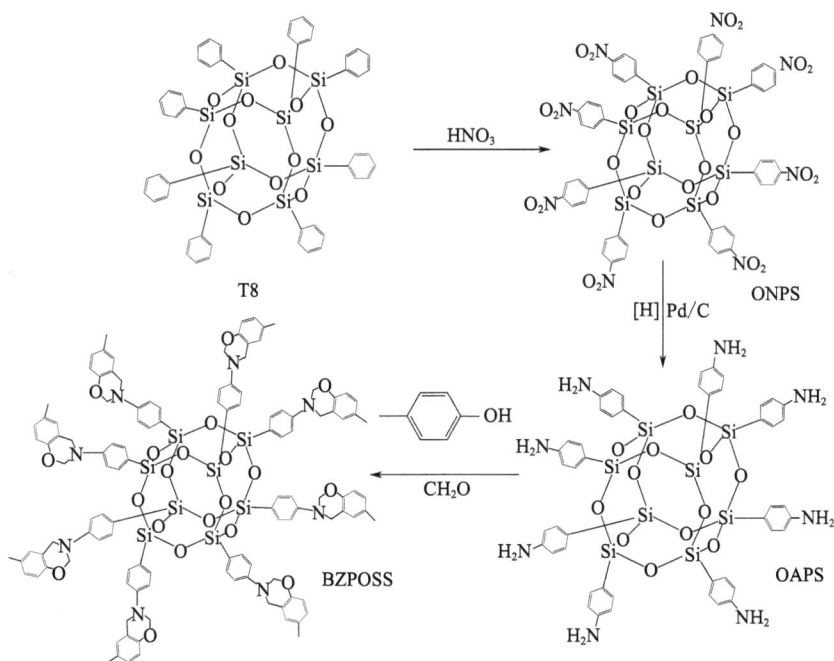

图 3.3 BZPOSS 合成路线

（1）八硝基苯基 POSS（ONPS）的合成

向装有磁力搅拌的 250mL 三颈瓶中加入 40mL 发烟硝酸，在冰浴下加入 3g 八苯基笼型倍半硅氧烷（T_8），反应 30min 后撤去冰袋，在室温条件下反应 24h。之后将反应物倒入 1L 水中，静置分层后过滤，并用水和乙醇洗至中性，将产物放入 40℃ 真空烘箱中干燥 4h，得到的产物为淡黄色粉末，产率约为 95%。

（2）八氨基苯基 POSS（OAPS）的合成

向带有冷凝回流管、磁力搅拌的 250mL 三颈瓶中加入 2.5g 八硝基苯基笼型倍半硅氧烷（ONPS），用 20mL 四氢呋喃使其完全溶解，然后加入 0.32g 5% Pd/C 和 0.1g $FeCl_3$ 作为催化剂，在氮气保护下升温到 60℃，30min 内缓慢滴加 8mL 80% 水合肼，滴加完后回流反应 1h。反应停止后，向三颈瓶中加入 20mL 乙酸乙酯，待黑色的 Pd/C 层与有机层分离后，过滤，将有机层用饱和食盐水洗三次，无水硫酸钠干燥除水，倒入 200mL 正己烷中沉析，抽滤，将产物放入 50℃ 真空烘箱中干燥 3h，得到 1.9g 淡黄色粉末，产率约为 76%。

（3）苯并噁嗪基 POSS（BZPOSS）的合成 [1]

向装有冷凝回流管、磁力搅拌和温度计的三颈瓶中依次加入对甲酚 15g 和八氨基苯基笼型倍半硅氧烷（OAPS）1.5g，氮气保护，在 40℃ 条件下搅拌使 OAPS 完全溶解。之后加入 2.0g 多聚甲醛，升温到 80℃ 反应 6h。反应完成后，向三颈瓶中加入 15mL 乙酸乙酯，再将产物倒入 500mL 的石油醚中沉析，抽滤，将固体产物在 40℃ 真空烘箱中干燥 3h，得到 1.0g 深红色固体粉末，产率约为 67%。

3.1.3 环氧基笼型倍半硅氧烷（EPPOSS）的合成

向圆底烧瓶中加入 3g 八乙烯基笼型倍半硅氧烷（OVPOSS）以及 20mL 二氯甲烷，于室温下搅拌，待溶解完全后加入间氯过氧苯甲酸（m-CPBA）与二氯甲烷的混合溶液，其中 m-CPBA（8g），二氯甲烷 20mL。均匀搅拌 10min，升温至 40℃ 反应 24h。反应完成后过滤，无水乙醇清洗，无水 Na_2SO_4 干燥，旋蒸除去有机溶剂，得到白色固体 2.55g，产率为 85%。图 3.4 为环氧基 POSS 的合成路线。

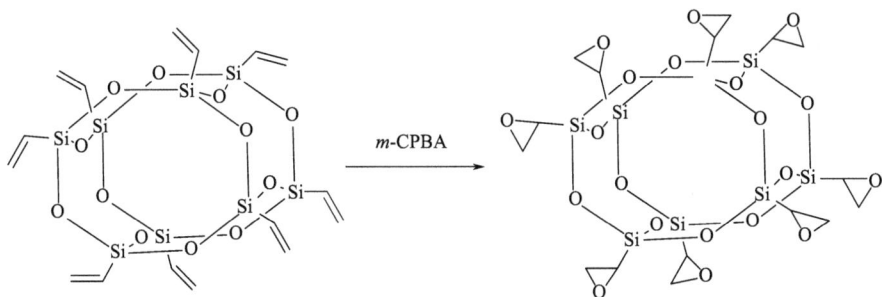

图 3.4 EPPOSS 的合成路线

3.1.4 双酚 A 型苯并噁嗪（BA-a）的表征

从 BA-a 的红外吸收谱图来看（图 3.5），943cm^{-1} 出现噁嗪环特征峰，1228cm^{-1} 处出现噁嗪环 C—O 键伸缩振动峰，说明双酚 A 型苯并噁嗪合成成功。

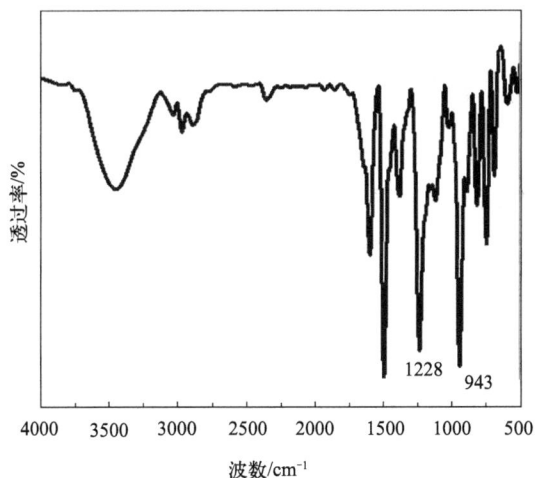

图 3.5 BA-a 的 FTIR 光谱

3.1.5 苯并噁嗪基笼型倍半硅氧烷（BZPOSS）的表征

（1）红外光谱（FTIR)分析

图 3.6 为 BZPOSS 的红外光谱图，由图可知 944cm^{-1} 出现了噁嗪环特征

峰，1230cm^{-1} 处为噁嗪环 C—O 键伸缩振动峰，1502cm^{-1} 处为 1,2,4-三取代苯环骨架伸缩振动峰，这些特征峰的出现说明噁嗪环成功在 POSS 支链上形成，BZPOSS 成功合成。

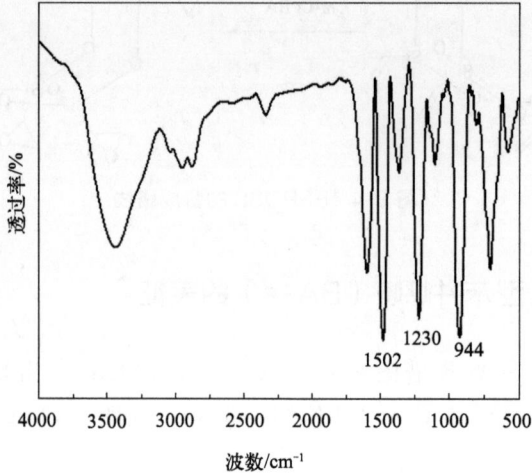

图 3.6　BZPOSS 的 FTIR 光谱

（2）核磁共振氢谱分析

图 3.7 为 BZPOSS 的核磁共振氢谱，从图中可以观察到，化学位移 2.16 处出现的峰归属于对甲酚上—CH$_3$ 的峰，5.20 处及 4.50 处对应噁嗪环上 O—CH$_2$—N 及 N—CH$_2$—Ar 亚甲基氢峰，证明 BZPOSS 成功合成。

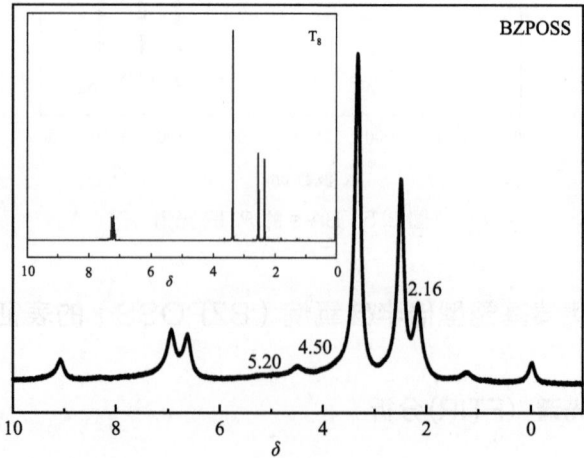

图 3.7　BZPOSS 的 ^{1}H-NMR 光谱

3.1.6 环氧基笼型倍半硅氧烷（EPPOSS）的表征

（1）红外光谱分析

OVPOSS 与 EPPOSS 的 FTIR 谱图如图 3.8 所示。对比 OVPOSS，EPPOSS 在 $1102cm^{-1}$ 处 Si—O—Si 伸缩振动峰以及 $587cm^{-1}$ 处 Si—O—Si 弯曲振动峰依然存在，说明 POSS 无机骨架并未发生改变。但在 EPPOSS 谱图中，$912cm^{-1}$ 处出现环氧基特征峰，$1137cm^{-1}$ 处出现 C—O—C 对称伸缩振动峰，$1306cm^{-1}$ 处出现 α C—H 弯曲振动峰，而 $975cm^{-1}$ 处乙烯基上 C—H 弯曲振动峰和 $1607cm^{-1}$ 处 C═C 伸缩振动峰消失，说明乙烯基发生反应生成了环氧基。

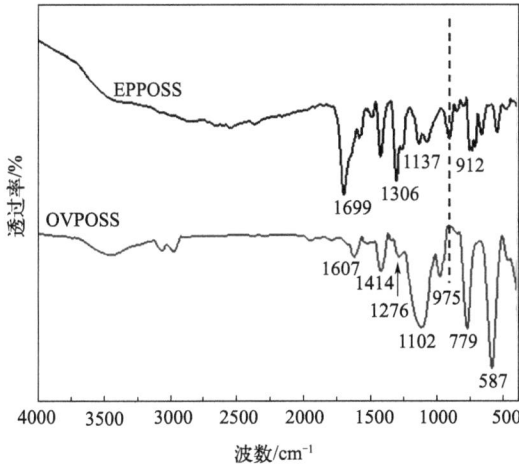

图 3.8 OVPOSS 和 EPPOSS 的 FTIR 光谱

（2）核磁共振氢谱分析[2]

图 3.9 为环氧基笼型倍半硅氧烷（EPPOSS）的核磁共振氢谱分析，从图中可以看出，OVPOSS 谱线图在化学位移 $5.8\sim6.0$ 和 $6.0\sim6.2$ 处有两组多重峰，并且峰面积为 $1:2$，为—CH ═CH$_2$ 上对应的氢峰。EPPOSS 谱图在化学位移 2.20、2.75 和 2.88 处 3 个单峰为环氧基的氢峰，在化学位移 6.0 附近，有 2 组多重峰，应该是未被氧化的—CH ═CH$_2$ 氢峰。^{1}H-NMR 的结果证明 EPPOSS 成功合成。

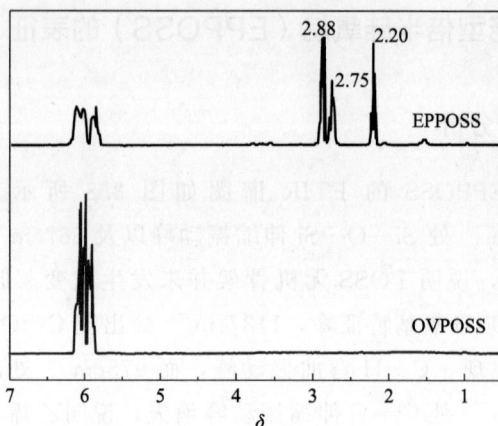

图 3.9　EPPOSS 的 ¹H-NMR 光谱

3.2　苯并噁嗪/POSS 体系

苯并噁嗪是一种以酚类化合物、伯胺类化合物和甲醛为原料合成的六元杂环化合物，在适当的条件下能发生开环聚合反应，生成含 N 且类似酚醛树脂结构的材料。开环聚合是苯并噁嗪与酚醛树脂的重要区别，这使得苯并噁嗪在固化过程中没有小分子放出、体积收缩率近于零，从而保证了制品良好的尺寸稳定性[1-2]。此外，聚苯并噁嗪还保留了传统酚醛树脂的耐高温特性、阻燃性能、吸水率低、良好的介电性能和力学性能等优点[3-5]。由于上述优异的综合性能，苯并噁嗪树脂在介电材料应用方面具有突出的优势，在过去几十年里一直受到持续的关注并得到了快速发展。但是，聚苯并噁嗪的本征介电常数为 3.3 左右，已不能满足电子工业对超低介电常数材料的要求。

由于空气的介电常数为 1，因此多孔物质可大大降低材料本身的介电常数。目前制备多孔材料的主要方法是利用带有孔隙结构的无机材料与聚合物共混共聚，这种方法不仅制备简单，而且能够避免降解成孔的缺陷。笼型倍半硅氧烷（POSS）是近几年发展起来的一种特殊的有机-无机纳米杂化材料。由于其中空的笼型结构，将 POSS 分子引入聚合物中，可有效降低聚合物的介电常数。

合成了苯并噁嗪基 POSS（BZPOSS）、环氧基 POSS（EPPOSS），以双酚A 型苯并噁嗪（BA-a）作为聚合物基体材料，制备了 BA-a/BZPOSS 复合材料和 BA-a/EPPOSS 复合材料，并研究了两种复合材料的结构与性能。

3.2.1　BA-a/BZPOSS 共混树脂的制备及固化

在 BA-a 中分别加入质量分数为 0%、5%、10%、15%、20% 的 BZPOSS，熔融混合均匀后共混树脂分别记为 BA-a、BA-a/5BZ、BA-a/10BZ、BA-a/15BZ、BA-a/20BZ，倒入模具中。

将模具放入真空烘箱中，初始预热温度为 120℃，抽真空 15min 除去气泡，按 120℃/2h、140℃/2h、160℃/2h、180℃/2h、200℃/2h 的升温程序固化。固化后复合材料分别记为 poly（BA-a）、poly（BA-a/5BZ）、poly（BA-a/10BZ）、poly（BA-a/15BZ）、poly（BA-a/20BZ）。

3.2.2　BA-a/EPPOSS 共混树脂的制备及固化

在 BA-a 中分别加入质量分数为 0%、5%、10%、15%、20% 的 EPPOSS，熔融混合均匀后共混树脂分别记为 BA-a、BA-a/5EP、BA-a/10EP、BA-a/15EP、BA-a/20EP，倒入模具中。

将模具放入真空烘箱中，初始预热温度为 120℃，抽真空 15min 除去气泡，按 120℃/2h、140℃/2h、160℃/2h、180℃/2h、200℃/2h 的升温程序固化。固化后复合材料分别记为 poly（BA-a）、poly（BA-a/5EP）、poly（BA-a/10EP）、poly（BA-a/15EP）、poly（BA-a/20EP）。

3.2.3　BA-a/BZPOSS 复合材料的结构与性能

（1）BA-a/BZPOSS 共混树脂的固化过程

对不同 BZPOSS 加入量的 BA-a/BZPOSS 共混树脂进行了 DSC 测试，由图 3.10 和表 3.1 可知，BA-a 的固化峰值温度约为 244℃，随着 BZPOSS 的加入，共混树脂的固化起始温度及峰值温度均没有明显变化，说明 BZPOSS 对苯并噁嗪的固化没有明显的催化作用。

表 3.1　BA-a/BZPOSS 共混树脂的 DSC 数据

样品	T_i/℃	T_p/℃	T_f/℃	$-\Delta H$/(J/g)
BA-a	235.3	244.3	253.2	289.4
BA-a/5BZ	234.1	244.1	255.8	286.1
BA-a/10BZ	232.3	244.0	255.4	292.7
BA-a/15BZ	230.2	243.5	253.3	282.6
BA-a/20BZ	230.0	243.0	252.1	289.6

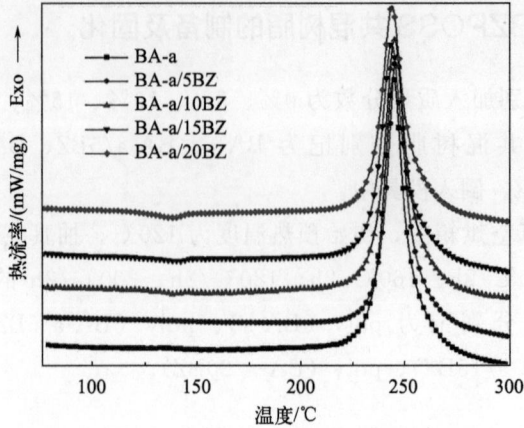

图 3.10　BA-a/BZPOSS 共混树脂的 DSC 曲线

　　图 3.11 为 BA-a/BZPOSS 共混树脂经过不同温度固化后的 FTIR 图，图中可以看出，120℃固化 2h 后，噁嗪环的特征峰还比较明显，经过 180℃固化后，噁嗪环的特征峰逐渐减弱，200℃固化 2h 后，几乎消失。说明随着固化温度的提高，噁嗪环逐渐发生开环交联反应，200℃已固化完全。

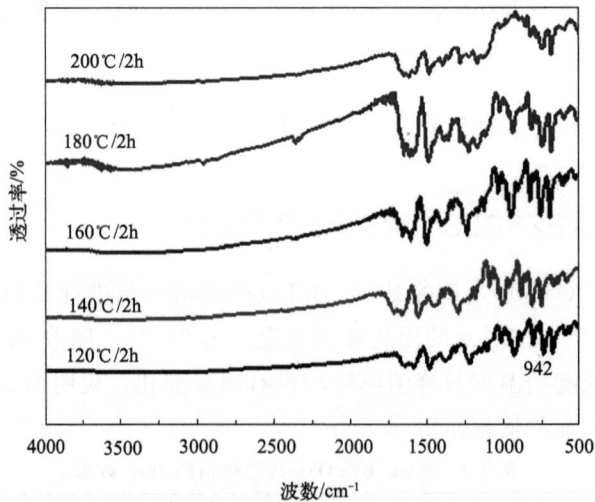

图 3.11　BA-a/10BZ 在不同温度下的 FTIR 光谱

（2）BA-a/BZPOSS 复合材料的断裂形貌

纳米粒子在体系中的分散效果和相容性会直接影响复合材料的综合性能，

通过扫描电镜元素分析和能谱测试来表征 BZPOSS 在 BA-a/BZPOSS 复合材料中的分散效果。从 BA-a/BZPOSS 复合材料的 SEM 图（图 3.12）中可以看出，当 BZPOSS 加入量增大到 15% 时，代表 BZPOSS 的小白点仍能均匀分散。同时，由 EDS 测得的 Si 元素分布图（图 3.13）可以看出，BZPOSS 的代表元素 Si 分布均匀，说明 BZPOSS 在复合材料中具有良好的分散性。但当 BZPOSS 加入量增大到 20% 时，出现了团聚现象。

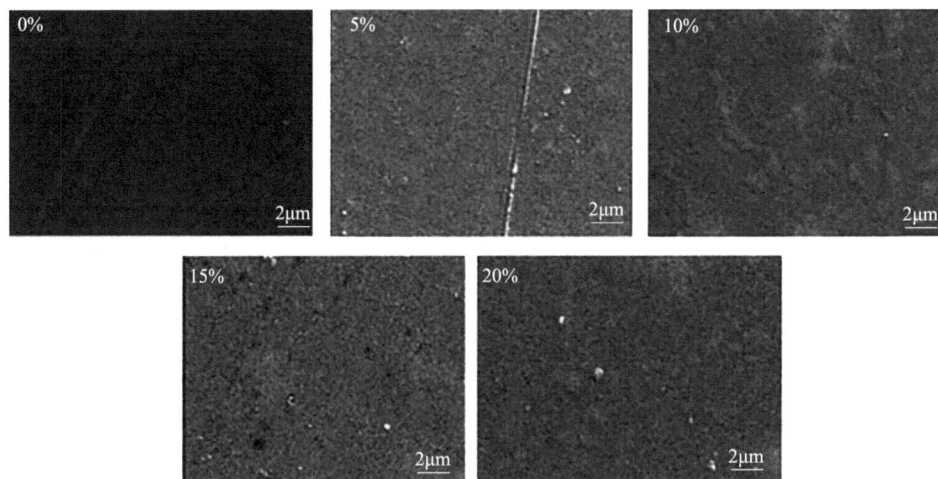

图 3.12　BA-a/BZPOSS 复合材料的 SEM 图

图 3.13　poly（BA-a/15BZ）中硅元素的分布图

（3）BA-a/BZPOSS 复合材料的热稳定性

图 3.14 为 BA-a/BZPOSS 复合材料的 TGA 图，从表 3.2 的测试结果可知，随 BZPOSS 加入量的增大，复合材料的 T_{d5} 由 264.16℃ 提高到 289.77℃，T_{d10} 由 289.15℃ 提高到 322.35℃，这是由于 BZPOSS 的无机骨架和体系交联密度增加。当加入量增大到 20% 时，T_{d5}、T_{d10} 均出现下降，这是因为此时 BZPOSS 出现了团聚，分散的不均匀导致热稳定性变差。

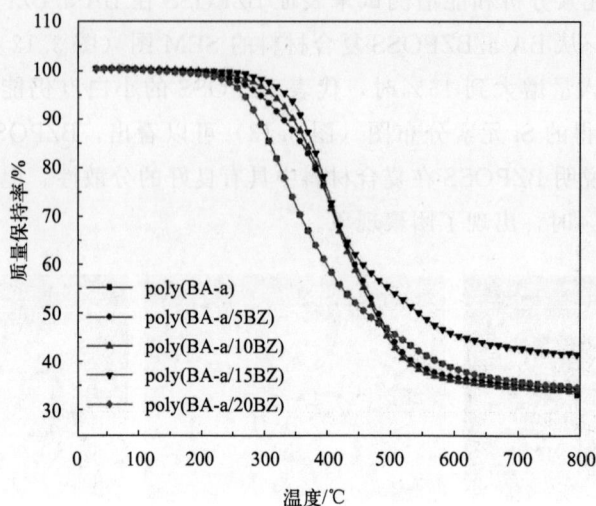

图 3.14　BA-a/BZPOSS 复合材料的 TGA 曲线

表 3.2　BA-a/BZPOSS 复合材料的 TGA 数据

样品	T_{d5}/℃	T_{d10}/℃	800℃残碳率/%
poly(BA-a)	264.16	289.15	33.26
poly(BA-a/5BZ)	278.53	318.55	37.68
poly(BA-a/10BZ)	274.17	311.60	36.46
poly BA-a/15BZ)	289.77	322.35	43.07
poly(BA-a/20BZ)	278.74	302.58	38.76

因 BA-a/BZPOSS 复合材料的脆性较大，无法制作力学测试以及介电测试样条。因此，制备了 EPPOSS，通过向交联体系中引入柔性醚键，改善苯并噁嗪树脂的脆性，并研究了它对 BA-a 结构及性能的影响。

3.2.4　BA-a/EPPOSS 复合材料的结构与性能

（1）　BA-a/EPPOSS 共混树脂的固化过程

对不同比例 BA-a/EPPOSS 共混树脂进行了 DSC 测试，结果如图 3.15、表 3.3 所示。BA-a 的固化峰值温度约为 244℃，随着 EPPOSS 的加入，共混树脂的固化温度明显降低，当 EPPOSS 加入量为 20% 时，共混体系的固化起始温度为 160℃，固化峰值温度为 183℃，降低 61℃，说明 EPPOSS 对苯并噁嗪的固化有明显的催化作用。同时，随着 EPPOSS 加入量的增大，共混树脂反应热熔没有明显变化，说明 EPPOSS 可能与 BA-a 发生了共聚反应。

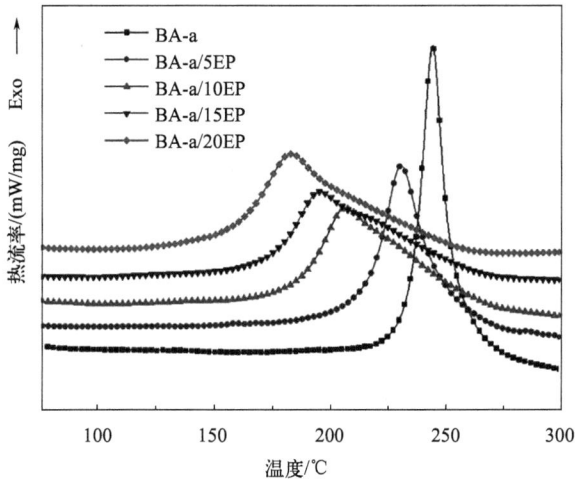

图 3.15　不同比例 BA-a/EPPOSS 共混树脂的 DSC 曲线

表 3.3　不同比例 BA-a/EPPOSS 共混树脂的 DSC 数据

样品	$T_i/℃$	$T_f/℃$	$T_p/℃$	$-\Delta H/(J/g)$
BA-a	235.3	244.3	253.2	289.4
BA-a/5EP	216.0	230.8	247.6	273.3
BA-a/10EP	187.7	206.4	236.9	268.6
BA-a/15EP	175.9	195.0	245.7	309.7
BA-a/20EP	160.3	182.8	202.1	274.6

利用 FTIR 表征共混树脂的固化过程，从图 3.16 可以看出，120℃固化后，$912cm^{-1}$ 处环氧特征峰消失，说明环氧基团发生了开环，同时 $942cm^{-1}$ 处噁嗪环的特征峰显著减小，结合 DSC 结果说明，环氧开环后形成的羟基催化了噁嗪环开环，并与之发生交联反应。随着固化温度的升高，噁嗪环特征峰逐渐减小，在 200℃固化 2h 后，噁嗪环特征峰消失，固化完全。

（2）　BA-a/EPPOSS 复合材料的断裂形貌

利用 SEM 观察不同比例 BA-a/EPPOSS 复合材料的断裂形貌，如图 3.17 所示。由图可见，当 EPPOSS 加入量为 5％、10％时，未观察到 EPPOSS 相，说明 EPPOSS 分散均匀。当 EPPOSS 加入量达到 15％时，可观察到 EPPOSS 相分布在树脂基体上，说明 EPPOSS 发生了轻微团聚，但由 EDS 测得的 Si 元素分布图（图 3.18）可以看出，EPPOSS 笼型结构的代表元素 Si 在共混树脂体系中分布均匀，说明 15％体系中 EPPOSS 仍然具有良好的分散性。但 EPPOSS 加入量增大到 20％时，出现明显的团聚现象。

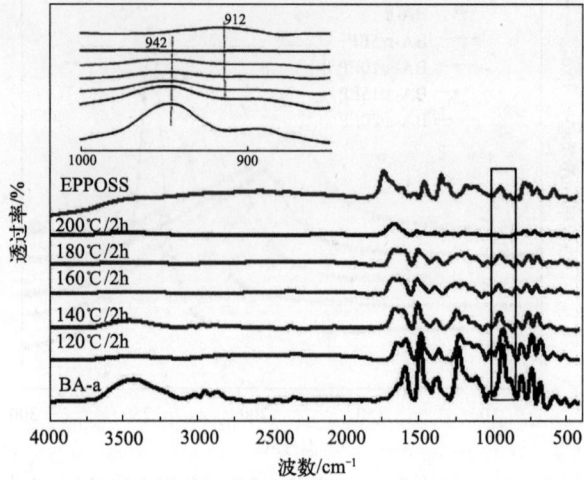

图 3.16 BA-a/10EP 共混树脂在不同温度下的 FTIR 光谱

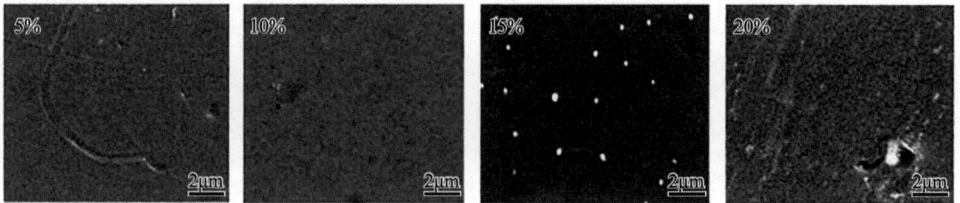

图 3.17 不同比例 BA-a/EPPOSS 复合材料的 SEM 图

图 3.18 poly (BA-a/15EP) 中硅元素的分布

（3） BA-a/EPPOSS 复合材料的动态热力学性能

图 3.19、表 3.4 为 BA-a/EPPOSS 复合材料的 DMA 测试结果。复合材料的储能模量随着 EPPOSS 的增加而降低，这是由于聚苯并噁嗪中含有大量的氢键，而加入 EPPOSS 后发生共聚，使得复合材料中氢键减少，同时柔性醚键的

引入也降低了交联体系的刚性，因此复合材料模量降低。但复合材料的 T_g 随 EPPOSS 的增加而增加，这主要是因为 EPPOSS 与 BA-a 发生共聚后，体系交联密度增大，同时 POSS 核会限制链段的运动，所以 T_g 增大。但当 EPPOSS 加入量达到 20% 时，会发生团聚，不利于共聚反应，交联密度减小，T_g 降低。

在橡胶状态下，物理作用可以忽略，模量主要通过化学交联保持。当聚合物网络处于橡胶平台区时，交联密度 ρ 可以通过以下方程计算[6-7]：

$$\rho = E'/3\Phi RT$$

式中，Φ 在这里假定为 1；T 是执力学温度；R 为气体常数；E' 为 $T_g +40℃$ 时的储能模量。

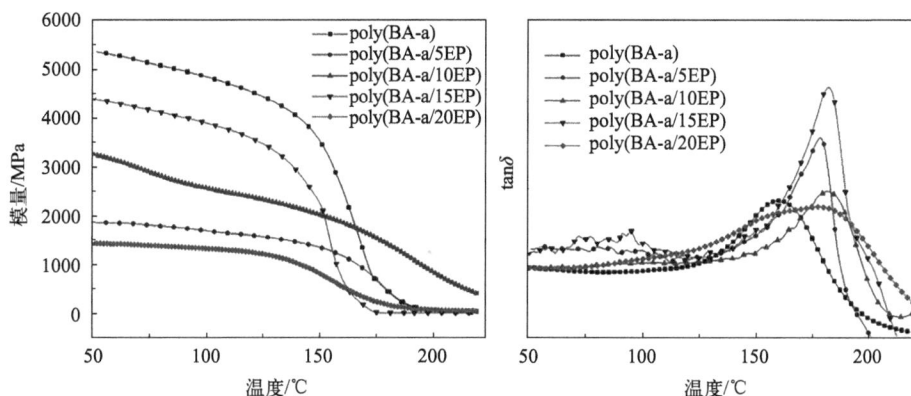

图 3.19　BA-a/EPPOSS 复合材料的 DMA 图

表 3.4　BA-a/EPPOSS 复合材料 DMA 数据

样品	$E'(40℃)$/MPa	T_g/℃	$E'(T_g+40K)$/MPa	$\rho/(mol/m^3)$
poly(BA-a)	5403.6	161.4	14.2	1.20×10^{-3}
poly(BA-a/5EP)	1881.6	178.4	27.8	2.28×10^{-3}
poly(BA-a/10EP)	3377.2	181.2	67.6	5.48×10^{-3}
poly(BA-a/15EP)	4431.9	185.9	85.8	6.76×10^{-3}
poly(BA-a/20EP)	1452.9	177.8	59.6	4.87×10^{-3}

（4）　BA-a/EPPOSS 复合材料的热稳定性

图 3.20、表 3.5 为 BA-a/EPPOSS 复合材料的 TGA 测试结果。随着 EPPOSS 加入量的增大，复合材料的 T_{d5}、T_{d10} 先增大后减小，这是因为 EPPOSS 的加入增加了新的交联点，复合材料交联密度增大，热稳定性提高。但 EPPOSS 加入量为 20% 时，发生团聚，限制了共聚反应的发生，交联密度减

小，T_{d5}、T_{d10} 降低。复合材料的 800℃残碳率随 EPPOSS 加入量的增加而增大，这主要是因为 EPPOSS 结构中的无机 Si-O-Si 骨架在高温下具有更好的热稳定性。

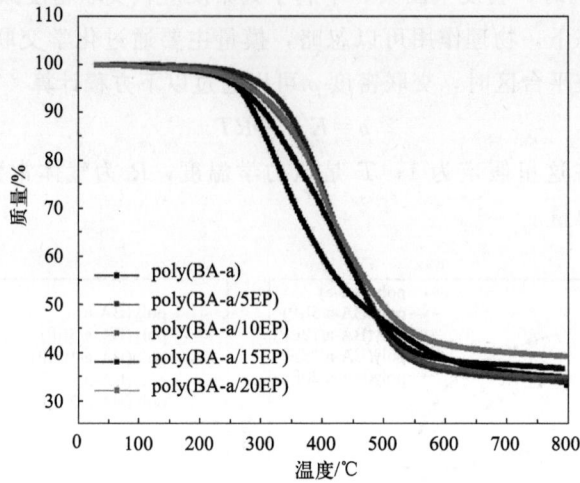

图 3.20 BA-a/EPPOSS 复合材料的 TGA 曲线

表 3.5 BA-a/EPPOSS 复合材料的 TGA 数据

样品	T_{d5}/℃	T_{d10}/℃	800℃残碳率/%
poly(BA-a)	264.156	289.156	33.259
poly(BA-a/5EP)	274.08	311.580	34.054
poly(BA-a/10EP)	284.106	314.105	34.923
poly BA-a/15EP)	301.147	344.147	36.737
poly(BA-a/20EP)	286.605	331.606	39.435

（5） BA-a/EPPOSS 复合材料的介电性能

将 BA-a/EPPOSS 复合材料进行介电测试，测试结果如图 3.21、表 3.6。纯双酚 A 型苯并噁嗪树脂的介电常数很高，达到了 3.66（1MHz）。随着 EP-POSS 加入量的增大，介电常数随之降低，在添加量为 15% 时，介电常数降为 2.81（1MHz），这主要是由于笼型 EPPOSS 引入了纳米多孔结构。但是随着 EPPOSS 的进一步增加，介电常数增大，这可能是因为加入量增多导致 EP-POSS 团聚，分散性减弱。随着测试频率的增加，BA-a/EPPOSS 复合材料的介电损耗逐渐降低，但仍处于 0.01～0.04（1MHz）的较低范围内。

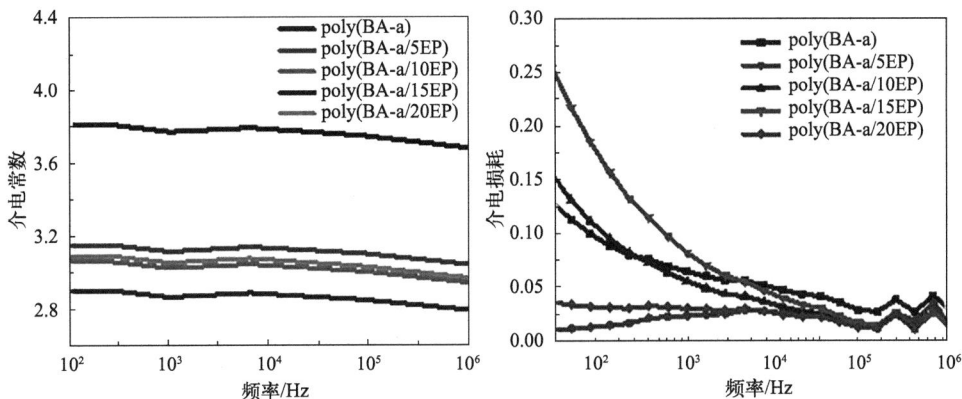

图 3.21 BA-a/EPPOSS 复合材料的介电常数和介电损耗曲线

表 3.6 BA-a/EPPOSS 复合材料的介电常数和介电损耗数据

样品	介电常数(1MHz)	介电损耗(1MHz)
poly(BA-a)	3.66	0.0352
poly(BA-a/5EP)	3.16	0.0206
poly(BA-a/10EP)	3.05	0.0187
poly(BA-a/15EP)	2.81	0.0185
poly(BA-a/20EP)	3.01	0.0218

（6）BA-a/EPPOSS 复合材料的冲击性能

表 3.7 为 BA-a/EPPOSS 复合材料的冲击性能测试结果。相比于聚苯并噁嗪，随着 EPPOSS 的加入量增大到 15%，BA-a/EPPOSS 复合材料的冲击强度从 $9.8kJ/m^2$ 增加到 $18.2kJ/m^2$，提高 1 倍。这是因为醚键的引入增加了交联体系的韧性，冲击强度提高。同时 EPPOSS 的均匀分散，也起到了无机纳米粒子增强的作用，但随着 EPPOSS 加入量进一步增大，发生团聚，增强效果降低，冲击强度下降。

表 3.7 BA-a/EPPOSS 复合材料的冲击性能

复合材料	poly(BA-a)	poly(BA-a/5EP)	poly(BA-a/10EP)	poly(BA-a/15EP)	poly(BA-a/20EP)
冲击强度/(kJ/m²)	9.8	12.6	14.4	18.2	12.8

3.3 苯并噁嗪/氰酸酯/POSS 体系

氰酸酯是一类分子中含有三嗪环交联结构的聚合物。三嗪环交联结构高度对称，极性极低，在宽的温度范围（0～220℃）和频率范围（0～100GHz）内均保持着低且稳定的介电常数（2.5～3.0）和介电损耗（0.003～0.005）；又由于存在大量的苯环、芳杂环结构和高交联密度，氰酸酯的耐高温性能极佳，T_g在250℃以上。苯并噁嗪开环聚合产生酚羟基，对氰酸酯具有催化作用，同时固化过程中苯并噁嗪单体可与氰酸酯官能团及三嗪环结构发生共聚反应，形成共聚物，使体系中含有更多柔性的醚键，增加树脂固化物的韧性。

在添加POSS的基础上，进一步引入氰酸酯改性苯并噁嗪，制备了BA-a/BADCy/BZPOSS、BA-a/BADCy/EPPOSS两种复合材料，并对其结构与性能进行了研究。

3.3.1 材料的制备

（1）BA-a/BADCy/BZPOSS复合树脂的制备及固化

在摩尔比为1∶1的苯并噁嗪（BA-a）与氰酸酯（BADCy）共混树脂中分别加入质量分数为0%、5%、10%、15%、20%的BZPOSS，熔融混合均匀后，共混树脂分别记为BA-a/BADCy、BA-a/BADCy/5BZ、BA-a/BADCy/10BZ、BA-a/BADCy/15BZ、BA-a/BADCy/20BZ，倒入模具中。

将模具放入真空烘箱中，初始预热温度为120℃，抽真空15min除去气泡，按120℃/2h、140℃/2h、160℃/2h、180℃/2h、200℃/2h的升温程序固化。固化后复合材料分别记为poly（BA-a/BADCy）、poly（BA-a/BADCy/5BZ）、poly（BA-a/BADCy/10BZ）、poly（BA-a/BADCy/15BZ）、poly（BA-a/BADCy/20BZ）。

（2）BA-a/BADCy/EPPOSS复合材料的制备及固化

在摩尔比为1∶1的苯并噁嗪（BA-a）与氰酸酯（BADCy）共混树脂中分别加入质量分数为0%、5%、10%、15%、20%的EPPOSS，熔融混合均匀后共混树脂分别记为BA-a/BADCy、BA-a/BADCy/5EP、BA-a/BADCy/10EP、BA-a/BADCy/15EP、BA-a/BADCy/20EP，倒入模具中。

将模具放入真空烘箱中，初始预热温度为120℃，抽真空15min除去气泡，按120℃/2h、140℃/2h、160℃/2h、180℃/2h、200℃/2h的升温程序固化。固化后复合材料分别记为poly（BA-a/BADCy）、poly（BA-a/BADCy/5EP）、poly（BA-a/BADCy/10EP）、poly（BA-a/BADCy/15EP）、poly（BA-a/BADCy/20EP）。

3.3.2 BA-a/BADCy/BZPOSS 复合材料的结构与性能

（1） BA-a/BADCy/BZPOSS 共混树脂的固化过程

对 BA-a/BADCy/BZPOSS 共混树脂进行了 DSC 测试。由图 3.22 可知，在 DSC 曲线上主要出现了两个放热峰，其中位于低温的峰 1 对应于 BADCy 的自聚反应，位于高温的峰 2 对应于 BADCy 与 BA-a 的共聚及 BA-a 的自聚反应。由表 3.8 可知，随着 BZPOSS 的加入，峰 1 的峰值温度明显降低，说明 BZPOSS 对 BADCy 的自聚有明显的催化作用，其催化作用主要来源于 BZPOSS 中未完全反应的氨基以及酚羟基。但由 3.2.3 中（1）小节可知，BZPOSS 对 BA-a 的聚合并没有催化作用，因此，峰 2 的峰值温度变化不大。

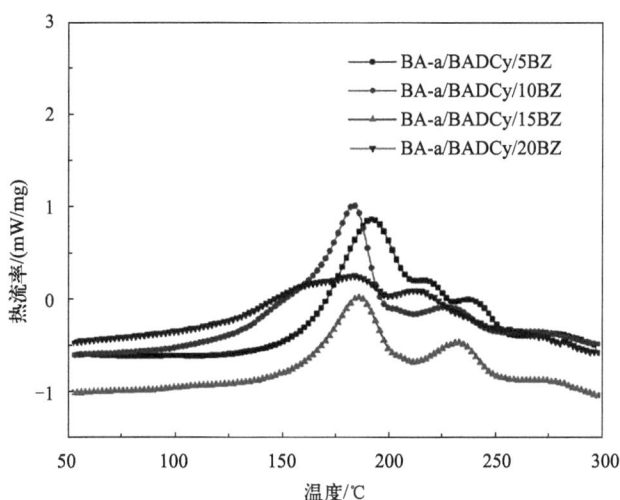

图 3.22 BA-a/BADCy/BZPOSS 共混树脂的 DSC 曲线

表 3.8 BA-a/BADCy/BZPOSS 共混树脂的 DSC 曲线数据

样品	$T_i/℃$	$T_p/℃$	$T_f/℃$	$-\Delta H/(J/g)$
poly(BA-a/BADCy/5BZ)	159.2	192.4	201.2	367.9
poly(BA-a/BADCy/10BZ)	156.6	183.3	192.4	381.5
poly(BA-a/BADCy/15BZ)	153.3	177.8	188.6	373.5
poly(BA-a/BADCy/20BZ)	155.4	179.8	190.3	364.8

图 3.23 （a） 为不同单体的红外光谱，942cm^{-1} 处为苯并噁嗪中噁嗪环的特征峰，2260cm^{-1}、2350cm^{-1} 处的双峰为氰酸酯中氰基的特征峰。图 3.23 （b）

为不同固化温度时 BA-a/BADCy/10BZ 共混树脂的红外谱图，随固化温度的提高，噁嗪环和氰基的特征峰逐渐减弱，说明氰酸酯与苯并噁嗪发生了自聚和共聚反应，形成交联体系。经 200℃ 固化后，噁嗪环及氰基的特征峰均消失，说明共混树脂已完全固化。

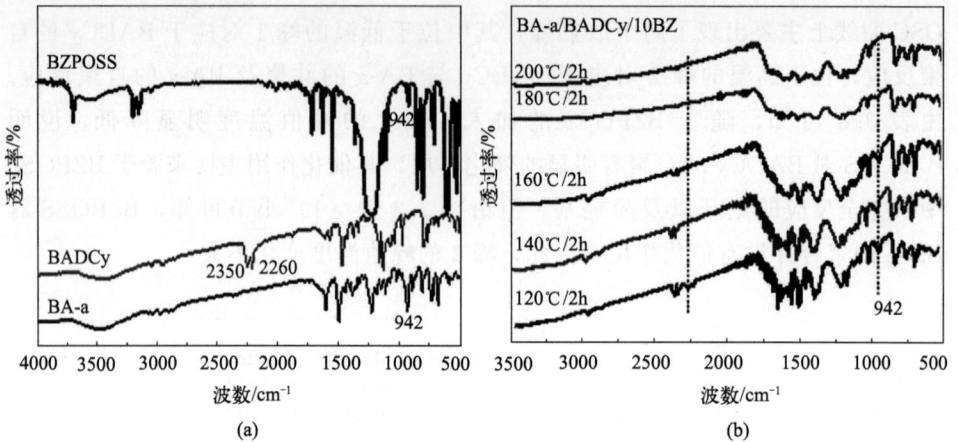

图 3.23　不同单体的红外光谱（a）及 BA-a/BADCy/10BZ 在不同温度下的 FTIR 谱图

（2）　BA-a/BADCy/BZPOSS 复合材料的断裂形貌

为了探究 BA-a/BADCy/BZPOSS 复合材料的断裂形貌，对其进行了 SEM 测试，如图 3.24 所示。从图中可以看出，当 BZPOSS 加入量为 5％ 时，分散均匀。随着 BZPOSS 增多，出现轻微团聚，但依然能均匀分散。由 EDS 测得的 Si 元素分布图（图 3.25）可以看出，BZPOSS 的代表元素 Si 在共混树脂体系中分布均匀，说明 20％ 体系中 BZPOSS 仍然具有良好的分散性。

（3）　BA-a/BADCy/BZPOSS 复合材料的动态热力学性能

图 3.26 为 BA-a/BADCy/BZPOSS 复合材料的 DMA 测试图，由表 3.9 可知，随着 BZPOSS 的增加，复合材料的初始储能模量逐渐减小，但 T_g 明显增加。这是由于复合材料初始储能模量主要受氢键影响，随着 BZPOSS 的增多，氢键减少，因此初始储能模量下降。但复合材料的交联密度随 BZPOSS 的增多而增大，而且 BZPOSS 的无机刚性骨架也阻碍了链段运动，因此 T_g 升高。在 poly(BA-a/BADCy) 的曲线上出现了两个 T_g，分别对应于聚氰酸酯相、苯并噁嗪与氰酸酯共聚相，但 BZPOSS 加入后，复合材料只有一个 T_g，说明 BZPOSS 的加入有利于苯并噁嗪与氰酸酯的共聚反应。

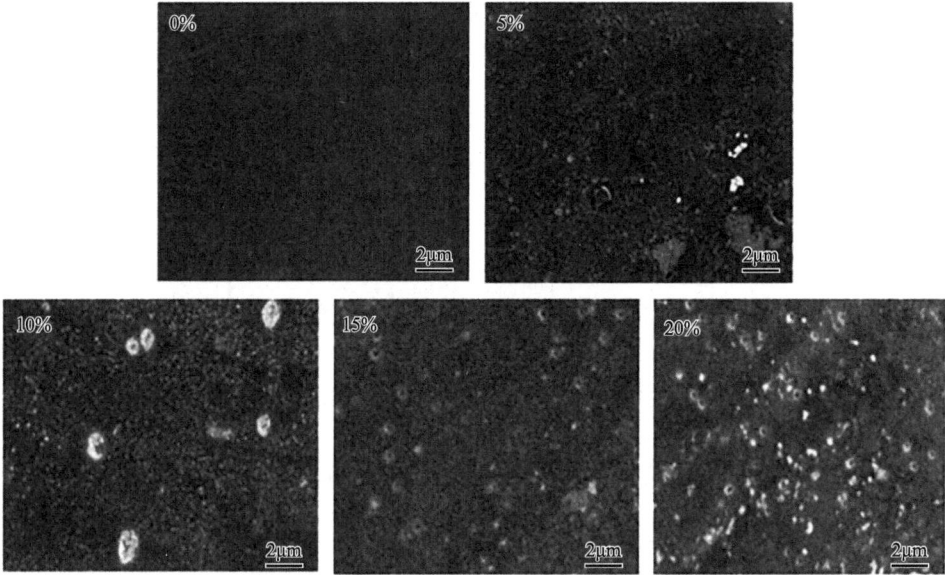

图 3.24　BA-a/BADCy/BZPOSS 复合材料的 SEM 图

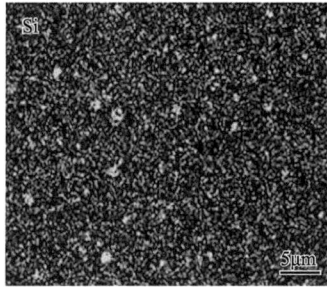

图 3.25　poly（BA-a/BADCy/20BZ）中硅元素的分布图

表 3.9　BA-a/BADCy/BZPOSS 复合材料的 DMA 数据

样品	$E'(40℃)/MPa$	$T_g/℃$	$E'(T_g+40K)/MPa$	$\rho/(mol/m^3)$
poly(BA-a/BADCy)	6687.0	175.4	10.6	$0.87×10^{-3}$
poly(BA-a/BADCy/5BZ)	4624.6	179.5	18.5	$1.64×10^{-3}$
poly(BA-a/BADCy/10BZ)	3999.4	182.6	38.9	$3.42×10^{-3}$
poly(BA-a/BADCy/15BZ)	2586.7	185.3	52.4	$4.58×10^{-3}$
poly(BA-a/BADCy/20BZ)	2087.2	192.4	78.6	$6.77×10^{-3}$

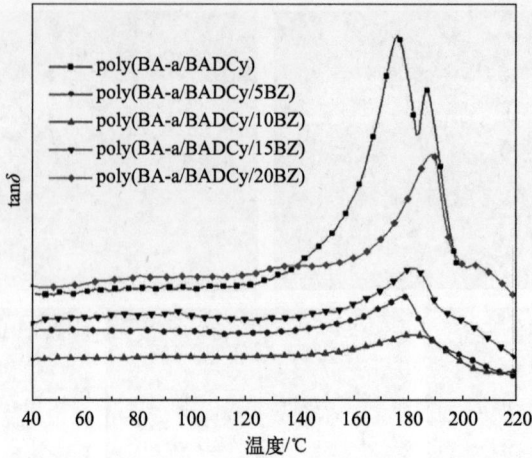

图 3.26　BA-a/BADCy/BZPOSS 复合材料的 DMA 图

（4）　BA-a/BADCy/BZPOSS 复合材料的热稳定性

图 3.27 为 BA-a/BADCy/BZPOSS 复合材料的 TGA 测试曲线，从 TGA 测试结果（表 3.10）可知，随 BZPOSS 加入量的增大，复合材料的 T_{d5}、T_{d10} 逐渐增大，这是因为 BZPOSS 的加入增加了新的交联点，随着 BZPOSS 的增多，体系交联密度增大，热稳定性增强。同时，复合材料的 800℃残碳率也随着 BZPOSS 加入量的增加而增大，这一方面是因为复合材料交联密度增大，另一方面是因为 BZPOSS 结构中无机 Si—O—Si 骨架在高温下具有更好的热稳定性。

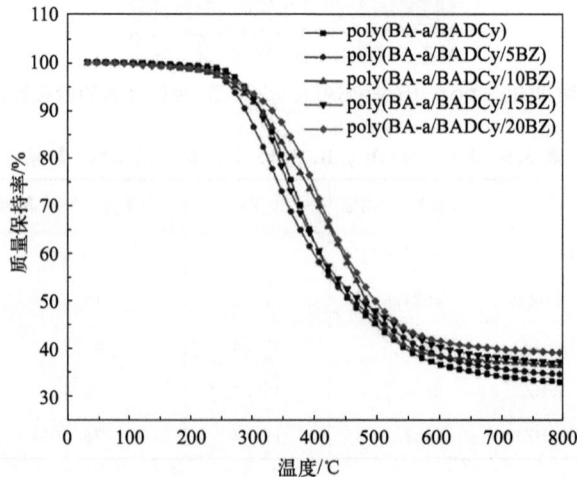

图 3.27　BA-a/BADCy/BZPOSS 复合材料的 TGA 曲线

表 3.10　BA-a/BADCy/BZPOSS 复合材料的 TGA 结果

样品	T_{d5}/℃	T_{d10}/℃	800℃残碳率/%
poly(BA-a/BADCy)	264.156	289.156	34.85
poly(BA-a/BADCy/5BZ)	268.73	308.55	38.45
poly(BA-a/BADCy/10BZ)	264.77	308.57	38.45
poly(BA-a/BADCy/15BZ)	258.97	302.74	39.98
poly(BA-a/BADCy/20BZ)	270.47	304.67	42.78

（5）　BA-a/BADCy/BZPOSS 复合材料的介电性能

将 BA-a/BADCy/BZPOSS 复合材料进行介电测试（图 3.28），测试数据见表 3.11。从测试结果中可以看到，poly（BA-a/BADCy）的介电常数为 3.29（1MHz），相比于 poly（BA-a）的介电常数 3.66，说明氰酸酯的加入能有效降低复合材料的介电常数，这是由于氰酸酯聚合生成的三嗪环结构。随着 BZPOSS 的加入量增大，笼型结构引入了纳米多孔结构以及交联密度增大，使介电常数随之降低，在添加量为 20% 的时候，介电常数最低为 2.91（1MHz）。介电损耗则基本一直保持在 0.01~0.02（1MHz）之间。

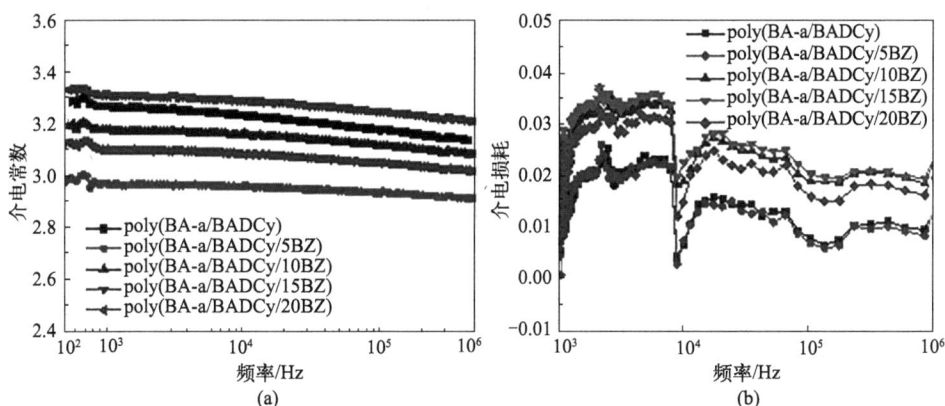

图 3.28　BA-a/BADCy/BZPOSS 复合材料的介电常数（a）和介电损耗曲线（b）

表 3.11　BA-a/BADCy/BZPOSS 复合材料的介电常数和介电损耗数据

样品	介电常数（1MHz）	介电损耗（1MHz）
poly(BA-a/BADCy)	3.29	0.0142
poly(BA-a/BADCy/5BZ)	3.38	0.0128
poly(BA-a/BADCy/10BZ)	3.12	0.0192
poly(BA-a/BADCy/15BZ)	3.06	0.0205
poly(BA-a/BADCy/20BZ)	2.91	0.0179

3.3.3 BA-a/BADCy/EPPOSS 复合材料的结构与性能

(1) BA-a/BADCy/EPPOSS 共混树脂的固化过程

图 3.29 是对不同 EPPOSS 加入量的共混树脂进行的 DSC 测试。由表 3.12 可知，随着 EPPOSS 的加入，共混树脂的固化温度明显降低，EPPOSS 添加量为 20% 时，共混体系的固化起始温度为 167.4℃，固化峰值温度为 196.8℃，与添加量 5% 相比，固化起始温度降幅达 3.2℃，说明 EPPOSS 对 BA-a/BADCy 的固化有一定的催化作用。同时，由文献可知，位于低温的放热峰对应于氰酸酯的自聚，而高温的放热峰对应于氰酸酯与苯并噁嗪的共聚。

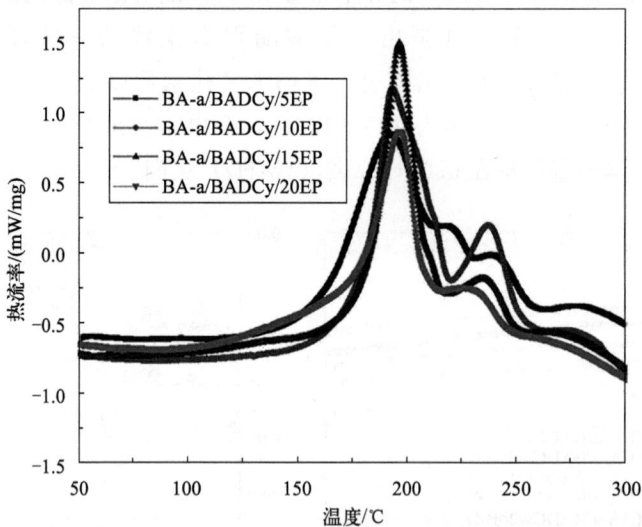

图 3.29 BA-a/BADCy/EPPOSS 共混树脂的 DSC 曲线

表 3.12 BA-a/BADCy/EPPOSS 共混树脂的 DSC 数据

样品	T_i/℃	T_p/℃	T_f/℃	$-\Delta H$/(J/g)
poly(BA-a/BADCy/5EP)	170.6	192.4	202.2	395.7
poly(BA-a/BADCy/10EP)	178.4	193.0	220.4	387.3
poly(BA-a/BADCy/15EP)	165.9	198.1	212.6	384.6
poly(BA-a/BADCy/20EP)	167.4	196.8	211.3	377.2

图 3.30 (a) 为不同单体的红外谱图，图 3.30 (b) 为不同温度下 BA-a/BADCy/10EP 的红外谱图。首先，经 120℃ 固化，912cm^{-1} 处的环氧基特征峰

消失，说明环氧发生了开环。同时 $2260cm^{-1}$、$2350cm^{-1}$ 处的氰基特征峰逐渐减弱，说明环氧开环催化了氰酸酯的聚合。经 $140℃$ 固化后，氰基的特征峰完全消失，同时，$942cm^{-1}$ 处的噁嗪环特征峰减弱，说明在此温度下，噁嗪环开环并与氰酸酯发生了共聚反应。温度继续升高，噁嗪环的特征峰逐渐减弱至消失。最后经 $200℃$ 固化 2h 后，复合体系完全固化。

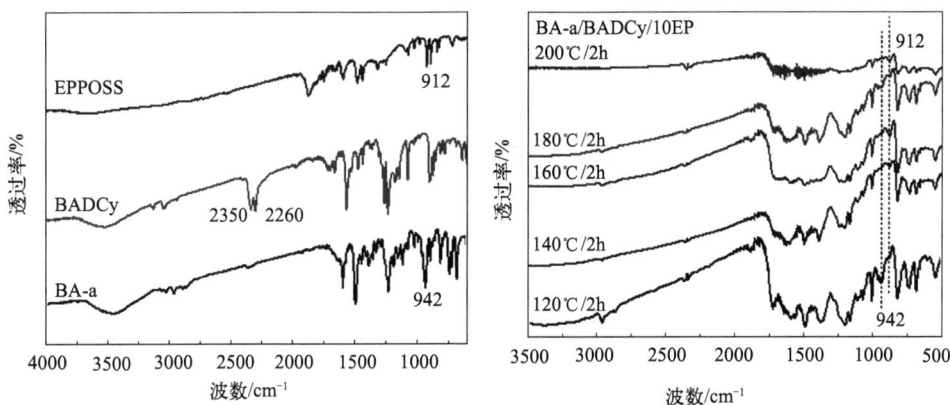

图 3.30　不同单体的红外光谱（a）以及 BA-a/BADCy/10EP 在不同温度下的 FTIR 光谱图

（2）　BA-a/BADCy/EPPOSS 复合材料的断裂形貌

为了探究 BA-a/BADCy/EPPOSS 复合材料的断裂形貌，对其进行了 SEM 测试，如图 3.31 所示。由图中可知，当 EPPOSS 的加入量为 15% 时，仍未观

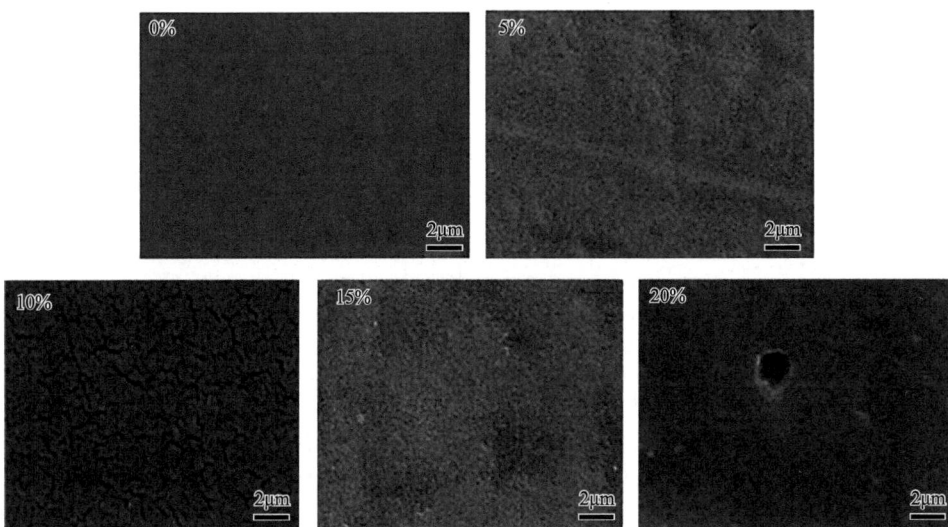

图 3.31　BA-a/BADCy/EPPOSS 复合材料的 SEM 图

察到明显的团聚。同时，由 EDS 测得的 Si 元素分布图（图 3.32）也可以看出，EPPOSS 的代表元素 Si 在共混树脂体系中分布均匀，说明 EPPOSS 在复合材料中具有良好的分散性。但当 EPPOSS 的加入量达到 20％时，开始出现团聚现象，分散性下降。

图 3.32　poly（BA-a/BADCy/15EP）中硅元素的分布图

（3）BA-a/BADCy/EPPOSS 复合材料的动态热力学性能

图 3.33 为 BA-a/BADCy/EPPOSS 复合材料的 DMA 测试图。由表 3.13 可知，复合材料的初始储能模量逐渐减小，这是由于复合材料初始储能模量主要受氢键影响，随着 EPPOSS 的增多，氢键减少，因此初始储能模量下降。同时，复合材料的交联密度随 EPPOSS 的增多而增大，EPPOSS 的无机刚性骨架也阻碍了链段运动，因此 T_g 升高，但是当 EPPOSS 的加入量为 20％时，发生团聚，交联密度下降。EPPOSS 的加入也促进了苯并噁嗪与氰酸酯的共聚，体系趋向于均相，复合材料的 T_g 由两个转变为一个。

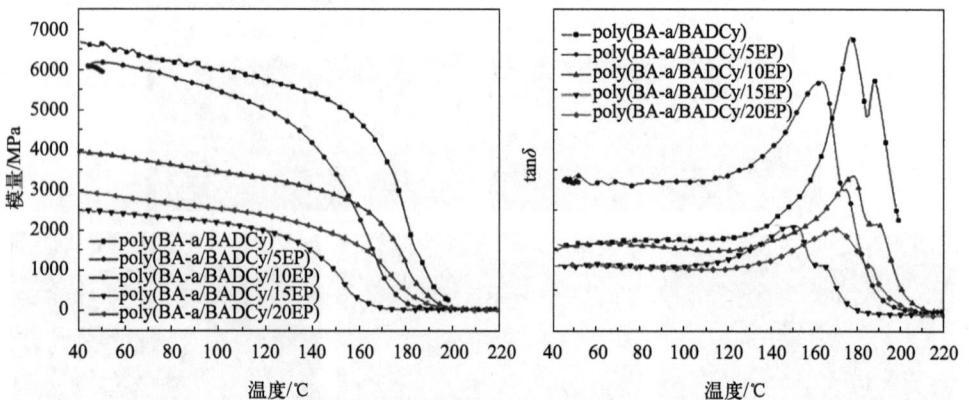

图 3.33　BA-a/BADCy/EPPOSS 复合材料的 DMA 图

表 3.13　poly (BA-a/BADCy/EPPOSS) 的 DMA 数据

样品	$E'(40℃)/MPa$	$T_g/℃$	$E'(T_g+40K)/MPa$	$\rho/(mol/m^3)$
poly(BA-a/BADCy)	6687.0	175.4	10.6	$0.87×10^{-3}$
poly(BA-a/BADCy/5EP)	6076.0	162.3	22.3	$1.92×10^{-3}$
poly(BA-a/BADCy/10EP)	3940.4	179.9	12.1	$1.01×10^{-3}$
poly(BA-a/BADCy/15EP)	2484.6	152.6	85.8	$7.55×10^{-3}$
poly(BA-a/BADCy/20EP)	2968.3	173.4	3.5	$0.29×10^{-3}$

（4）BA-a/BADCy/EPPOSS 复合材料的热稳定性

图 3.34 为 BA-a/BADCy/EPPOSS 复合材料的 TGA 测试图，由图 3.34 以及表 3.14 可知，随 EPPOSS 加入量的增大，复合材料的 T_{d5}、T_{d10} 先增大后减小。这是因为 EPPOSS 的加入增加了新的交联点，随着 EPPOSS 的增多，交联密度增大，因此 poly(BA-a/BADCy/15EP) 的 T_{d5} 和 T_{d10} 最高，热稳定性最高。但是随着 EPPOSS 的进一步增加，EPPOSS 的分散性下降，出现团聚，因此 poly(BA-a/BADCy/20EP) 的 T_{d5} 和 T_{d10} 下降，热稳定性降低。复合材料的 800℃ 残碳率则随着 EPPOSS 加入量的增加而增大，这主要是因为 EPPOSS 结构中的无机 Si—O—Si 骨架在高温下具有更好的热稳定性。

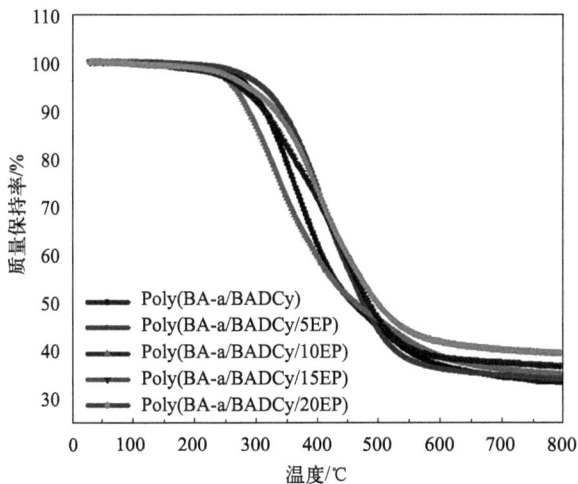

图 3.34　不同 EPPOSS 含量的 BA-a/BADCy 树脂的 TGA 曲线

表 3.14　不同 EPPOSS 含量的 BA-a/BADCy 树脂的 TGA 数据

样品	$T_{d5}/℃$	$T_{d10}/℃$	800℃残碳率/%
poly(BA-a/BADCy)	264.156	289.156	33.26
poly(BA-a/BADCy/5EP)	276.606	301.606	34.05

样品	T_{d5}/℃	T_{d10}/℃	800℃残碳率/%
poly(BA-a/BADCy/10EP)	286.605	314.105	34.92
poly(BA-a/BADCy/15EP)	309.147	344.157	36.74
poly(BA-a/BADCy/20EP)	274.580	314.080	39.43

（5） BA-a/BADCy/EPPOSS 复合材料的介电性能

对 BA-a/BADCy/EPPOSS 复合材料进行了介电测试，测试结果如图 3.35、表 3.15 所示。随着 EPPOSS 的增加，介电常数呈现下降的趋势。当 EPPOSS 的加入量为 15% 时，介电常数和介电损耗迅速下降，达到 2.72 和 0.0108 的最小值（1MHz），这主要是由笼型 EPPOSS 引入纳米多孔结构以及复合材料交联密度增大所致。但是随着 EPPOSS 的进一步增加，介电常数增大，这可能是由于加入量增多导致 EPPOSS 团聚，分散性减弱。随着测试频率的增加，BA-a/BADCy/EPPOSS 复合材料的介电损耗基本一直处于 0.01～0.03（1MHz）的较低范围内。

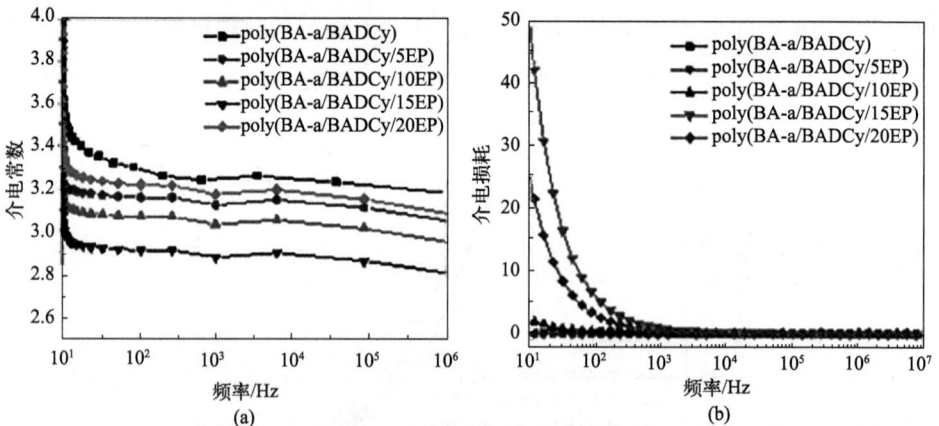

图 3.35　BA-a/BADCy/EPPOSS 复合材料的介电常数（a）和介电损耗曲线（b）

表 3.15　BA-a/BADCy/EPPOSS 复合材料的介电常数和介电损耗数据

样品	介电常数（1MHz）	介电损耗（1MHz）
poly(BA-a/BADCy)	3.29	0.0310
poly(BA-a/BADCy/5EP)	3.10	0.0245
poly(BA-a/BADCy/10EP)	3.03	0.0194
poly(BA-a/BADCy/15EP)	2.72	0.0108
poly(BA-a/BADCy/20EP)	3.15	0.0178

3.4 小结

苯并噁嗪树脂因其优异的综合性能,在介电材料应用方面具有突出的优势,在过去几十年里一直受到持续的关注并得到了快速发展。但是,聚苯并噁嗪的本征介电常数为 3.3 左右,已不能满足电子工业对超低介电常数材料的要求。一方面,利用苯并噁嗪与氰酸酯的共聚反应,将三嗪环结构引入聚苯并噁嗪交联网络,从而达到降低介电常数的目的。另一方面,为了突破目前单纯在改变聚合物化学结构上对降低介电常数的局限,将倍半硅氧烷(POSS)分子引入聚苯并噁嗪中,利用其笼型结构,制备得到有机-无机纳米多孔材料。通过在聚苯并噁嗪结构中同时引入三嗪环及纳米多孔结构,可望在获得优异的热性能和力学性能的基础上,达到双重降低介电常数的效果,以满足超低介电常数材料的要求。

为解决 POSS 的分散性及反应性问题,本章以八苯基笼型倍半硅氧烷(T_8)以及八乙烯基笼型倍半硅氧烷(OVPOSS)为原料,分别合成了苯并噁嗪基笼型倍半硅氧烷(BZPOSS)和环氧基笼型倍半硅氧烷(EPPOSS),并以双酚 A 型苯并噁嗪(BA-a)、双酚 A 型氰酸酯(BADCy)为基体树脂,制备得到 4 种复合材料(BA-a/BZPOSS、BA-a/EPPOSS、BA-a/BADCy/BZPOSS、BA-a/BADCy/EPPOSS),研究了复合材料的各种性能。

首先以双酚 A、多聚甲醛、甲苯、苯胺通过曼尼希(Mannich)反应制备得到了双酚 A 型苯并噁嗪。以八苯基 POSS 为原材料,通过硝化、还原氨基化、脱水缩合成功得到苯并噁嗪基 POSS。以八乙烯基 POSS 为原材料,经与 m-CPBA 反应得到环氧基 POSS。经 FTIR 和 ^{1}H-NMR 分析,均确认为目标产物。

接下来,制备了 BA-a/BZPOSS 复合材料。DSC 和 FTIR 结果表明,BZPOSS 对苯并噁嗪的固化没有明显的催化作用。SEM 和 EDS 结果表明,BZPOSS 含量在 15% 以下时,能在复合材料中均匀分散。TGA 结果表明,随着 BZPOSS 的增加,复合材料的热稳定性提高,当 BZPOSS 添加量为 15% 时,T_{d10} 提高了 33℃,残碳率达到了 43.07%,这是由于 BZPOSS 的无机骨架和体系交联密度的增加。但加入量增大到 20% 时,BZPOSS 出现团聚,导致热稳定性变差。BA-a/BZPOSS 复合材料的脆性较大。

最后,对 BA-a/BADCy/EPPOSS 复合体系的研究结果表明,EPPOSS 的加入能够降低共混树脂的固化温度且能与 BA-a 发生共聚,生成复合材料,并能够在复合材料中均匀分布。DMA 结果表明,复合材料的初始储能模量随

EPPOSS 的增加逐渐减小，这是复合材料中氢键减少的缘故。同时，复合材料的交联密度随 EPPOSS 的增多而增大，而且 EPPOSS 的无机刚性骨架阻碍了链段运动，因此 T_g 升高。TGA 结果表明，随着 EPPOSS 的增多，交联密度增大，热稳定性增强。但是随着 EPPOSS 的进一步增加，EPPOSS 的分散性下降，热稳定性降低。由于 EPPOSS 中的无机 Si—O—Si 骨架在高温下具有高的热稳定性，复合材料的残碳率一直随 EPPOSS 的增加而增大。复合材料交联密度的增大以及 POSS 的纳米孔结构，使复合材料的介电常数降低，加入量为 15％时，介电常数为 2.72（1MHz），介电损耗基本处于 0.01～0.03（1MHz）的较低范围内。

参考文献

[1] Shuai Z, Xiaodan L. Epoxy nanocomposites：Improved thermal and dielectric properties by benzoxazinyl modified polyhedral oligomeric silsesquioxane [J]. Materials Chemistry and Physics，2018，10（048）：260-267.

[2] 唐威，马家举，王斌. 环氧基倍半硅氧烷的合成与表征 [J]. 化工新型材料，2012，40（5）：93-95.

[3] 杨军. 新型苯并环丁烯（BCB）单体的合成及其树脂性能研究 [D]. 上海：复旦大学，2012.

[4] 张洪文. 热固性低介电常数 PCB 基材 [J]. 覆铜板资讯，2010（6）：36-40.

[5] 张洪文. 高玻璃化温度、低介电常数、低介质损耗 PCB 基材研制 [J]. 覆铜板资讯，2016，101（6）：24，45-50.

[6] Ishida H，Allen D J. Mechanical characterization of copolymers based on benzoxazine and epoxy [J]. Polymer，1996，37（20）：4487-4495.

[7] Ishida H，Sanders D P. Improved thermal and mechanical properties of polybenzoxazines based on alkyl-substituted aromatic amines [J]. Journal of Polymer Science Part B：Polymer Physics，2000，38（24）：3289-3301.

第四章

环氧树脂

4.1 环氧树脂/POSS

随着电子通信技术迅速发展，传统 PCB 基材环氧树脂已不能满足要求，需要开发介电常数更低的高性能环氧树脂复合材料。中空结构 POSS 的添加，可引入纳米孔隙至树脂中，使介电常数显著降低。Min 等[1]制备了环氧树脂/笼型多面体低聚倍半硅氧烷（EP/POSS）复合材料，形貌结构和化学元素分析表明，POSS 纳米填料在基体中分散良好，当 POSS 添加量为 1%（质量分数）时，材料的介电常数下降至最低 3.45。Vryonis 等[2] 报道了八缩水甘油酯（OG）立方倍半硅氧烷和计量比对酸酐固化环氧树脂固化化学和分子动力学的影响，结果发现，POSS 的引入使环氧树脂的介电常数明显降低。Florea 等[3]采用两亲性三嵌段共聚物在环氧热固性树脂中自组装的方法，成功制备出多面体低聚倍半硅氧烷（POSS）改性的环氧树脂复合材料，由于 POSS 的加入，材料的介电常数显著下降，而介电损耗几乎保持不变。

本章通过氧化八乙烯基 POSS（OVS）得到环氧基 POSS（EOVS），成功制备了低介电常数 E51/EOVS 复合材料。EOVS 含有环氧基团，与环氧树脂具有良好的相容性，同时能和树脂基体发生化学反应，降低纳米粒子团聚的概率，使其在聚合物基体中具有良好的分散性。同时探究了不同含量 EOVS 对 E51 环氧树脂介电性能、热稳定性、动态热力学性能、耐湿性和冲击强度的影响，并进一步分析了结构与性能的关系。

4.1.1 材料的制备

4.1.1.1 EOVS 的合成

向圆底烧瓶中添加 3g 八乙烯基倍半硅氧烷（OVS）和 20mL 的二氯甲烷，室温搅拌，待其完全溶解后，再加入间氯过氧苯甲酸（m-CPBA，8g）与二氯甲烷（20mL）的混合溶液，匀速搅拌10min后升温至40℃，冷凝回流48h。反应结束后对产物进行冰浴降温，让间氯苯甲酸进一步沉淀并过滤，接着用亚硫酸氢钠将残余的间氯过氧苯甲酸还原，直至用淀粉碘化钾试纸检测不变色，多余的间氯苯甲酸用碳酸氢钠水溶液清洗掉，再用二氯甲烷萃取水相，有机相水洗至中性，最后旋转蒸发除去二氯甲烷。反应见图4.1。

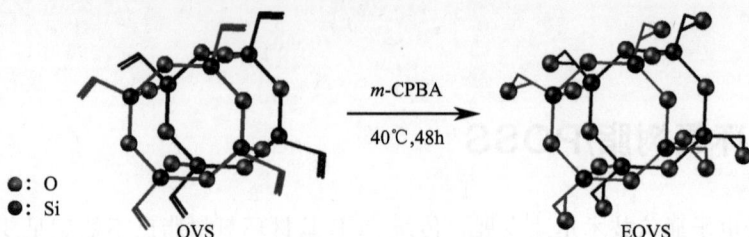

图 4.1　EOVS 的制备

4.1.1.2　E51/EOVS 复合材料的制备

采用溶液法制备混合物（图4.2）。将一定量的 EOVS 纳米填料分散在丙酮中超声30min，与 E51 按预定的质量比混合，60℃下搅拌半小时，直至大部分溶剂挥发，加入1%（质量分数）二甲基咪唑固化剂，搅拌均匀，得 E51/EOVS 混合物。EOVS 的质量分数分别为 5%、10%、15%、20%。然后将 E51/EOVS 混合物浇铸到预热好的聚四氟乙烯模具中，并在60℃真空烘箱中抽尽残余溶剂，直至无气泡。固化程序为 120℃/2h＋140℃/2h＋160℃/2h＋180℃/2h＋200℃/2h，获得 E51/xEOVS 复合材料，其中 x 为 EOVS 的质量分数。作为对照组，纯 E51 树脂采用相同的工艺制备。

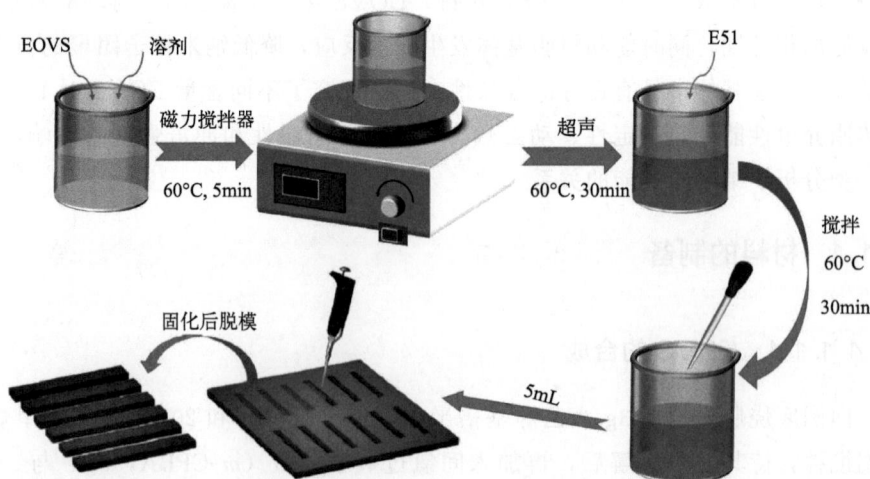

图 4.2　E51/EOVS 复合材料的制备过程

4.1.2　EOVS 的结构表征

利用 FTIR 光谱和核磁共振氢谱分析 EOVS 的化学结构，如图 4.3（a）所示，和 OVS 图谱相比，在 1110cm^{-1} 的 Si—O—Si 伸缩振动吸收峰仍然存在，779cm^{-1} 为 Si—C 伸缩振动峰，说明 EOVS 的骨架部分并未发生改变[4-5]。在 1604cm^{-1} 的乙烯基 C ＝C 伸缩振动吸收峰和 968cm^{-1} 处的乙烯基上 C—H 弯曲振动峰都几乎消失[6]。在 878cm^{-1} 和 1234cm^{-1} 处出现了新的特征峰，分别为环氧基 C—O—C 非对称和对称伸缩振动，1330cm^{-1} 处也出现了环氧乙烷基 α C—H 的弯曲振动吸收峰。在核磁共振氢谱中［图 4.3（b）］，OVS 谱图在 6.0ppm 和 6.1ppm 处的两组峰是 CH ＝CH$_2$ 上对应的氢原子的共振吸收峰。EOVS 谱图在 2.5ppm、3.35ppm 处出现两个新峰，分别为环氧乙烷基 α、β 碳

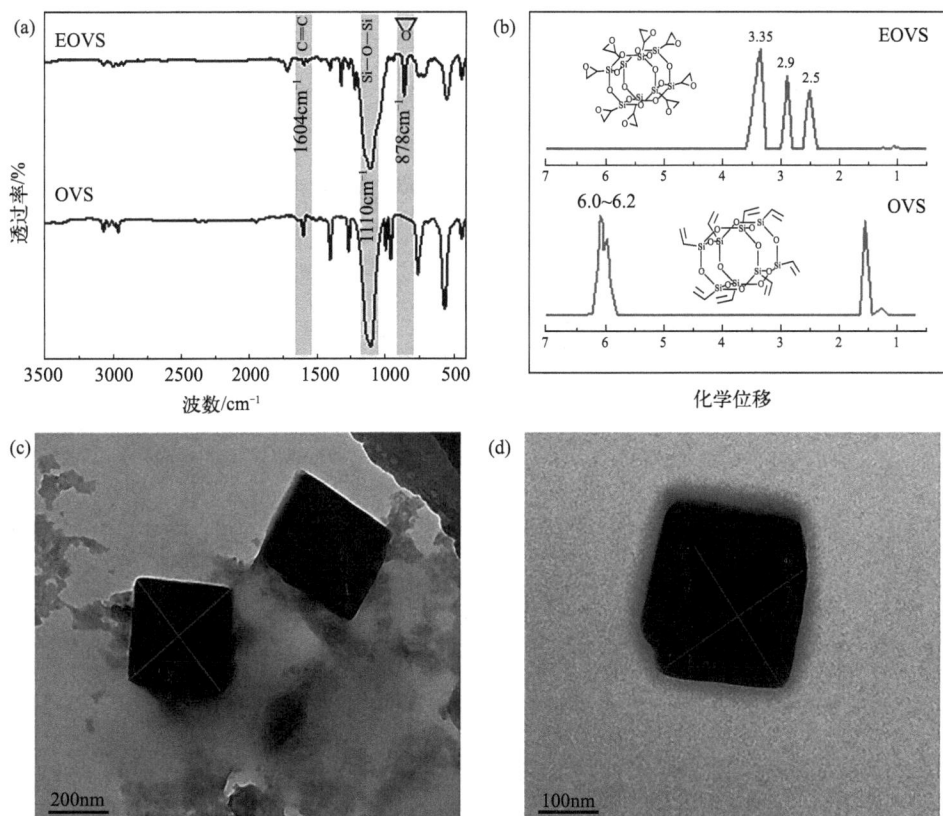

图 4.3　EOVS 的红外光谱（a）和核磁共振氢谱（b）
以及不同放大倍数下的 TEM 图像（c）和（d）

所连氢原子的共振吸收峰，峰面积比为 1：2，符合 α、β 氢原子的个数比[7]。红外光谱和核磁共振氢谱充分说明，EOVS 中的乙烯基已氧化为环氧基，EOVS 制备成功。此外，图 4.3 中（c）、（d）显示了 EOVS 在不同放大倍率下的 TEM 图像，可以看出 EOVS 具有明确的立方形态，尺寸约为 200nm，符合 POSS 纳米分子六面体结构[8]，并且在反应过程中，其骨架结构没有被破坏。

4.1.3　E51/EOVS 复合材料的固化行为

对不同含量 EOVS 的 E51/EOVS 复合材料进行了 DSC 测试，由图 4.4 和表 4.1 可知，E51 的固化峰值温度约为 125.9℃。随着 EOVS 的加入，峰值温度先升高后降低，加入量为 15% 及以下时，相对于环氧树脂的长链分子，笼型 EOVS 具有较大的位阻，会限制反应体系中高分子链的运动，因此固化峰值温度向右偏移。当 EOVS 的加入量为 20% 时，由于 EOVS 上存在更多的环氧基团，具有更多的反应位点，因此促进了反应的进行。

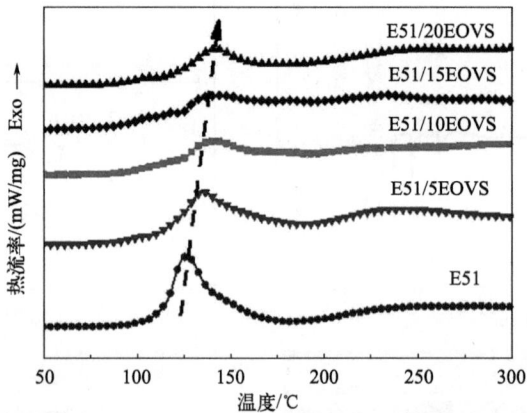

图 4.4　不同含量 EOVS 的 E51/EOVS 复合材料的 DSC 曲线

表 4.1　E51/EOVS 复合材料的 DSC 数据

样品	T_i	T_p	T_f	$-\Delta H/(J/g)$
E51	112.7	125.9	142.7	164.5
E51/5EOVS	114.4	134.4	155.1	121.7
E51/10EOVS	118.1	141.5	157.2	63.94
E51/15EOVS	111.9	143.0	160.7	37.1
E51/20EOVS	117.2	141.8	159.0	49.39

图 4.5 为 E51/EOVS 共混树脂经不同温度固化后的 FTIR 图谱，在未固化

前，可以明显看到在 $864cm^{-1}$ 处 EOVS 上的环氧基特征峰以及在 $912cm^{-1}$ 处 E51 环氧树脂的环氧基特征峰，120℃ 固化 2h 后，E51 环氧基特征峰以及 EOVS 环氧基特征峰都明显减弱，说明二者的环氧基团都开环并发生了交联反应。140℃固化后，环氧基的特征峰完全消失，表明复合体系已基本固化完全。

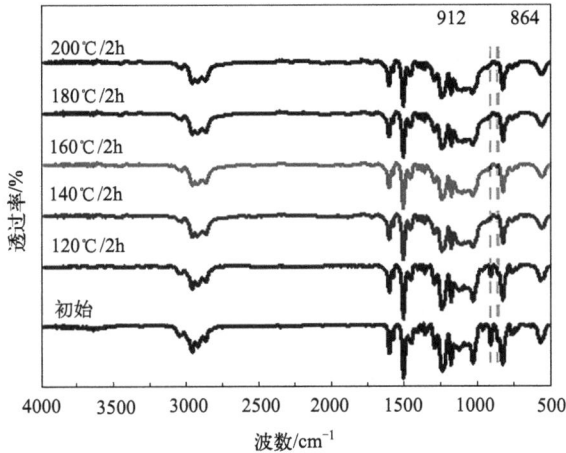

图 4.5　不同含量 EOVS 的 E51/EOVS 复合材料的 FTIR 图谱

4.1.4　E51/EOVS 复合材料的断裂形貌

图 4.6 为不同含量 EOVS 的 E51/EOVS 复合材料分别在高倍和低倍下的断面形貌图。由图可知，EOVS 填料含量不同，材料呈现出不同的断裂形貌。EOVS 加入前，环氧树脂的断面以直线条纹为主，整体相对平整光滑，同时在高倍下可观察到致密的树脂基体，说明材料在受到外界作用力时主要发生脆性断裂。添加 5%（质量分数，下同）EOVS 填料后，分叉细纹增多，断口面仍较平整。对于 EOVS 含量为 10% 的复合材料，断口面呈现不同于以上描述的形貌，出现不同尺寸鳞片状的韧窝，属于典型的韧性断裂。另外，在高倍下，含量为 5% 和 10% 的树脂基体，质地相对于纯 E51 更为疏松，并可观察到少许分散均匀的白点。以上现象可归因于 EOVS 和 E51 体系间化学键的形成，因此有较好的分散性，能有效起到刚性粒子的增韧作用。当主裂纹在 E51/EOVS 复合材料中扩展时，偏转和分叉出现在无裂纹韧带附近。这种裂纹偏转和分叉对外部增韧有一定的贡献。当引入过量 EOVS 填料后，复合材料断口面极为粗糙，甚至出现不少拉出的小碎块。这对复合材料的增韧最有利，它有助于裂纹偏转的发展，这是一种耗散额外断裂能量的增韧机制，从而限制了裂纹主导前沿扩展的致命影响。但过量 EOVS 的添加，同样也会导致纳

米粒子在树脂基体中团聚，材料缺陷增多，产生内部应力，因此材料断淬后出现不少微孔。

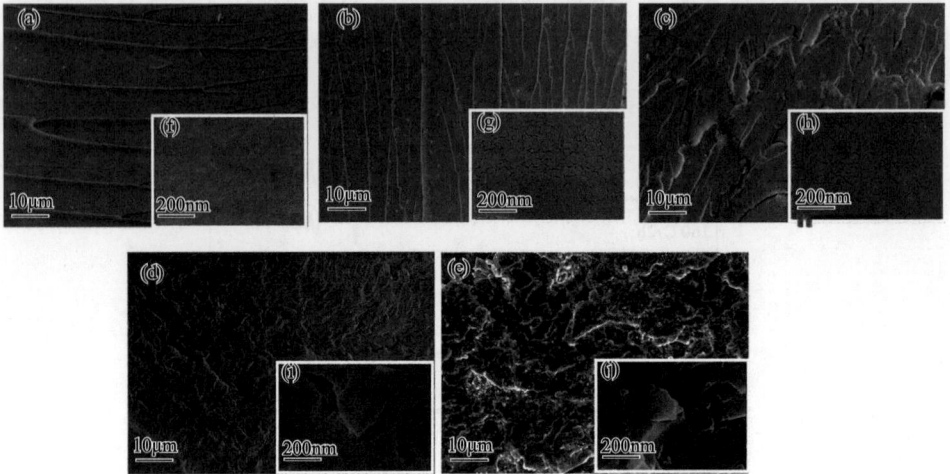

图 4.6　E51 树脂和 E51/EOVS 复合材料在不同倍数下的 SEM 图像
(a)、(f) E51；(b)、(g) E51/5EOVS；(c)、(h) E51/10EOVS；
(d)、(i) E51/15EOVS；(e)、(j) E51/20EOVS

　　能量色散 X 射线光谱仪（EDS）是观察无机粒子所含的元素在聚合基体中分散情况的一种有效手段。图 4.7 显示了低含量和高含量 EOVS 填料的 E51/EOVS 复合材料的能量色散 X 射线光谱以及元素面分布。可观察到 EOVS 含量为 5％时，Si 元素分布均匀，而高含量 20％的复合材料，有明显聚集的绿点，表明 EOVS 在树脂基体中出现团聚现象。

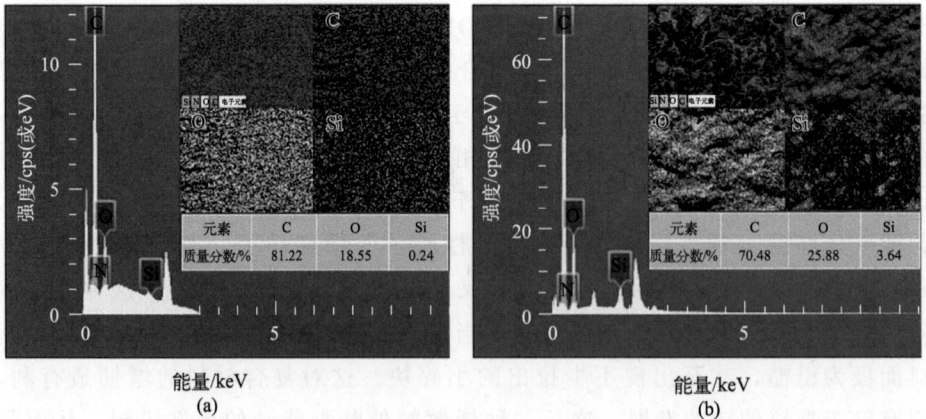

图 4.7　EOVS 含量为 5%（a）和 20%（b）的复合材料的能量色散 X 射线光谱（EDS）

4.1.5　E51/EOVS 复合材料的动态热力学性能

动态热力学分析仪能测试一定温度范围内材料的储能模量、损耗模量以及损耗因子，进而研究材料的黏弹性、蠕变与应力松弛现象、玻璃化转变温度及固化过程。图 4.8 是 E51/EOVS 复合材料的储能模量与损耗角正切随温度的变化曲线图，根据式（4.1）计算出了 E51/EOVS 复合材料的交联密度（表 4.2）。

$$E = 3\varphi\rho RT \tag{4.1}$$

式中，φ 为前置因子，值为 1；T 为热力学温度，K；R 为气体常数；ρ 为交联密度，mol/m^3；E 为 T_g 以上 40℃时的储能模量，MPa。

在表 4.2 中，E51/EOVS 复合材料的交联密度先减小后增大。刚性笼型结构的 EOVS 具有位阻效应，会阻碍高分子链段的运动，使高分子链的基团碰撞概率降低，固化时反应程度下降，导致 E51/5EOVS 网络体系的交联密度减小。但由于 EOVS 有更多环氧基团，继续添加后，反应体系中反应位点逐渐增多，复合材料的交联密度反而增加。

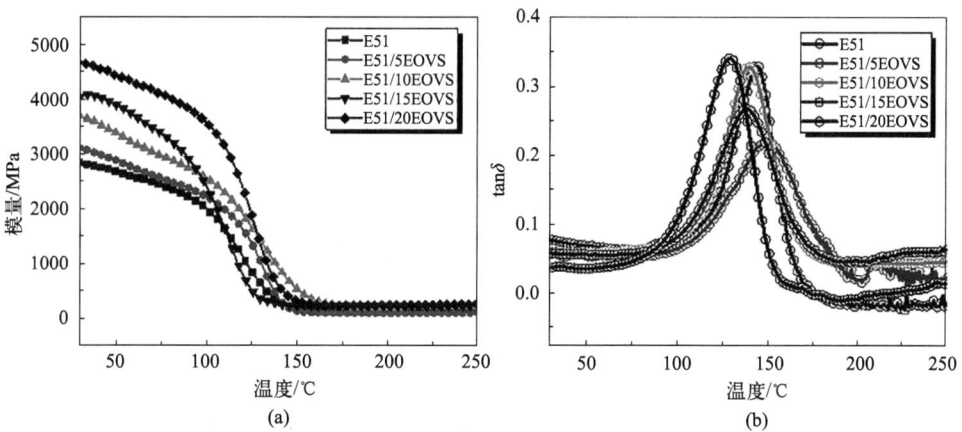

图 4.8　E51 树脂和 E51/EOVS 复合材料 DMA 图谱

表 4.2　E51 树脂和 E51/EOVS 复合材料 DMA 数据

样品	$E'(30℃)/MPa$	$T_g/℃$	$E(T_g+40℃)/MPa$	$\rho/(mol/m^3)$
E51	2842.3	142.9	129.8	1.14×10^{-2}
E51/5EOVS	3107.7	148.9	98.2	8.52×10^{-3}
E51/10EOVS	3680.0	139.2	212.9	1.89×10^{-2}
E51/15EOVS	4046.0	136.7	225.5	2.01×10^{-2}
E51/20EOVS	4660.0	128.1	235.2	2.14×10^{-2}

玻璃化转变温度（T_g）是衡量复合材料热力学性能的一个重要参数，代表材料的耐热性。玻璃化转变温度是指聚合物分子链从玻璃态开始转变为高弹态的温度，其本质是在不同温度范围内高分子处于不同的运动状态。当温度低于T_g时，聚合物材料处于被"冻结"的状态，受到外力作用后只产生较小的形变，这是由于分子链和链段在此时都无法运动，只有原子或侧链基团能在其平衡位置做微弱振动。当温度高于T_g时，分子热运动能克服链段的相互作用能，分子得以解冻，链段开始运动。在图4.8（b）中，随着EOVS含量的增加，E51/EOVS复合材料的玻璃化转变温度先升高后降低，当EOVS含量为5％时，玻璃化转变温度最大为148.9℃，相比于E51树脂提升了6℃；在此之后，复合材料的玻璃化温度随着EOVS含量的增加而不断降低，含20％ EOVS的E51/EOVS复合材料玻璃化转变温度降低至128.1℃。加入少量EOVS刚性纳米填料后，其位阻效应会阻碍高分子链段的运动，因此起初玻璃化转变温度升高，但更多的EOVS添加量会使E51/EOVS体系的自由体积增大，高分子链间的距离变大，链段更加容易运动，最终使得玻璃化转变温度降低。

不同EOVS含量的复合材料的储能模量变化如图4.8（a）所示，EOVS添加量增加，材料的储能模量呈不断增大的趋势。E51环氧树脂的初始储能模量为2842.3MPa，E51/EOVS复合材料最大能至4660.0MPa，储能模量是衡量材料刚性的物理量，复合材料的刚性增大可归结为以下三个原因：首先，网络体系的交联密度不断增大，有助于材料刚性的提高；其次，刚性纳米粒子EOVS的引入会提升复合材料的储能模量；最后，由于引进了更多的环氧基团，交联反应后会产生更多的羟基，形成强作用的氢键，高分子链间的相互作用力增强。

4.1.6　E51/EOVS复合材料的介电性能

将E51/EOVS复合材料进行介电测试，测试数据如图4.9所示。由图4.9可知，纯E51环氧树脂的介电常数高至4.21，介电损耗为0.02（1MHz）。加入笼型EOVS后，E51/EOVS复合材料的介电常数出现先减小后增大的情况。在EOVS添加量为15％时，介电常数降至最低，为2.51（1MHz）。这主要是由于中空粒子EOVS的加入引入了大量本征纳米孔隙，网络体系的自由体积增加，从而降低了极化分子的密度，导致介电常数下降。但是随着EOVS的过量引入，介电常数增大，这是由于一方面EOVS加入量增多导致其发生团聚，在树脂基体中的分散性变差；另一方面E51/EOVS复合材料的交联密度呈增大趋势。由图4.9（b）可知，随着测试频率的增加，E51/EOVS复合材料的介电损耗同样呈先降低后增加的趋势，其中含15％ EOVS的E51/EOVS复合材料具有最低的介电损耗，为 0.007（1MHz）。EOVS 含量增加至 20％时，介电损耗明显升高，当频率为 1MHz 时，其介电损耗为 0.02。除了增大的交联密度会使介电损耗增加外，网络体系中产生的极性基团—OH 也对介电损耗产生很大的影响。

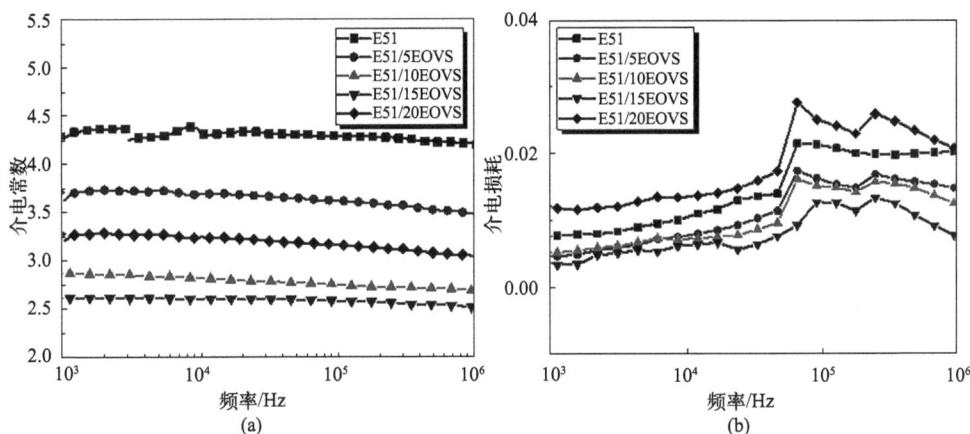

图 4.9　E51 树脂和 E51/EOVS 复合材料在不同频率下的介电常数和介电损耗

4.1.7　E51/EOVS 复合材料的热稳定性

在电子器件互连制造的过程中，低介电材料必须承受高温，因此要求热固性树脂具有良好的热稳定性。因此，研究复合材料热稳定性的影响因素具有重要意义。图 4.10 可见，随着 EOVS 含量的增加，E51/EOVS 复合材料的起始分解温度呈先降低后增加的趋势。含 15％和 20％ EOVS 的 E51/EOVS 树脂体系的 T_{d5} 相比于纯环氧树脂都有所提高（表 4.3）。一般材料的化学结构决定热分解温度，例如键能越大，复合材料的热稳定性往往越高。纯 E51 主链中主要存在 C—C 键，其键能约为 347kJ/mol。添加 EOVS 后，复合材料体系中含有键能更大的 Si—O 键和 Si—C 键，使其在更高温度下更稳定。另外，笼型 EOVS 具有较大的位阻效应，会抑制热分解物的渗出。同时，随着 EOVS 的含量增加，网络体系的交联密度不断增大。以上三个原因都使得 E51/EOVS 复合材料初始分解温度升高。E51/EOVS 复合材料的残碳率随着 EOVS 含量增加而持续提高，这与材料中有机和无机组分的占比有关，因为 EOVS 分子中含与 SiO_2 相似的 Si—O—Si 无机骨架结构，使得材料中含有较高的无机组分，从而导致 E51/EOVS 复合材料在 800℃时的残碳率更高。

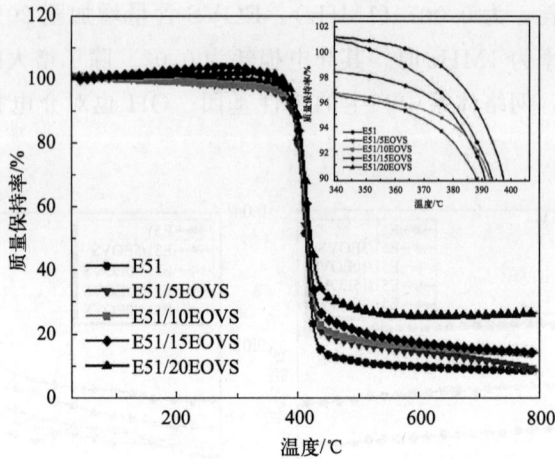

图 4.10 E51 树脂和 E51/EOVS 复合材料 TGA 曲线

（小图为 340～400℃ 的 TGA 曲线放大图）

表 4.3 E51 树脂和 E51/EOVS 复合材料 TGA 数据

样品	T_{d5}	T_{d10}	800℃残碳率/%
E51	379.71	391.21	8.69
E51/5EOVS	366.00	388.01	9.29
E51/10EOVS	373.30	392.80	14.14
E51/15EOVS	382.61	393.61	14.45
E51/20EOVS	389.61	397.61	26.63

4.1.8 E51/EOVS 复合材料的耐湿性

对于电子器件，如 PCB 基材，对耐湿性能要求较高。一旦电介质材料吸附较多的水分，材料的综合性能将会受到严重影响，特别是对于介电性能，因为水的介电常数高至 80，因此开发吸水率低的复合材料是非常有必要的。水分子一般通过两种形式存在于树脂中：一种是通过氢键形式存在，另一种是以自由水分子形式分布于自由体积中。对于高聚物，吸水量主要取决于极性大小，因此疏水性基团的引入能有效地抑制水分子扩散至材料内部。图 4.11 显示了 E51/EOVS 复合材料在室温下放置 480h 后的吸水率，从图中可以看出，所有的 E51/EOVS 树脂较纯 E51 树脂都有着较低的吸水率，这说明 E51/EOVS 复合材料的耐湿性能优于纯 E51 树脂。当 EOVS 持续加入时，E51/EOVS 复合材料的吸水率明显降低。EOVS 含量为 20% 时，E51/EOVS 复合材料的吸水率反而呈现增加的趋势。这是由于 EOVS 对 E51 树脂的吸水率有着双重影响：一方面 EOVS 分子结构中的 Si—O—Si 有着优异的憎水性能，且加入少量 EOVS

后，树脂的交联密度增加，材料表面的致密性增加，从而阻止了水分子的吸附与扩散，对 E51 树脂吸水率的降低有着促进作用；另一方面，EOVS 分子结构中含有大量的未被占据的空腔结构，因此 E51/EOVS 树脂内部存在较多的孔隙，易使水分子进入，不利于复合材料吸水率的降低。

将 E51/EOVS 复合材料进行表面接触角测试，测试数据如图 4.11。数据显示，随着 EOVS 含量的增加，复合材料的表面接触角从 84°增大到 97°，说明材料的疏水性逐渐增加，这是因为 EOVS 含有疏水性的 Si—O—Si 无机骨架，具有更低的表面能。

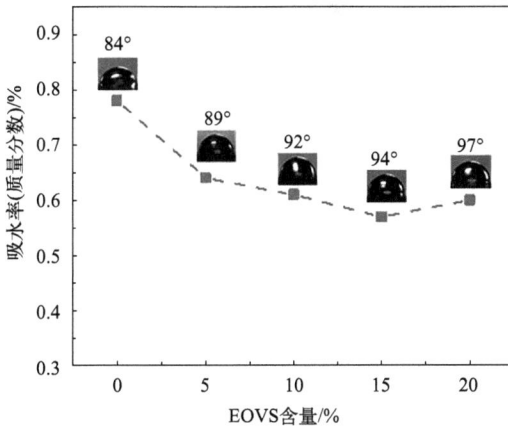

图 4.11　不同 EOVS 含量的 E51/EOVS 复合材料的接触角和
在室温下放置 480h 后的吸水率

4.1.9　E51/EOVS 复合材料的冲击强度

图 4.12 显示了不同 EOVS 含量的 E51/EOVS 复合材料的冲击强度，随着 EOVS 含量的持续增加，E51/EOVS 复合材料的冲击强度先增大后减小。含 10% EOVS 填料时，冲击强度达到最大值 22.2kJ/m^2，提高了 20%。当 EOVS 含量超过 10% 后，随着 EOVS 含量增大，材料的冲击强度很快下降，20% EOVS 时材料的冲击强度下降到 17.5kJ/m^2。

当 EOVS 含量较低时，纳米粒子与树脂基体反应，以分子级分散于树脂基体中，提高了体系的强度，因此材料的冲击性能也得到了提高。引入过多 EOVS 后，只有部分与树脂基体反应，大部分并没有在树脂基体中达到真正的分子级分散，产生了团聚现象，导致界面结合能减弱，同时在材料内部易出现应力集中点，产生缺陷，甚至出现不少孔洞，导致材料冲击强度反而下降。

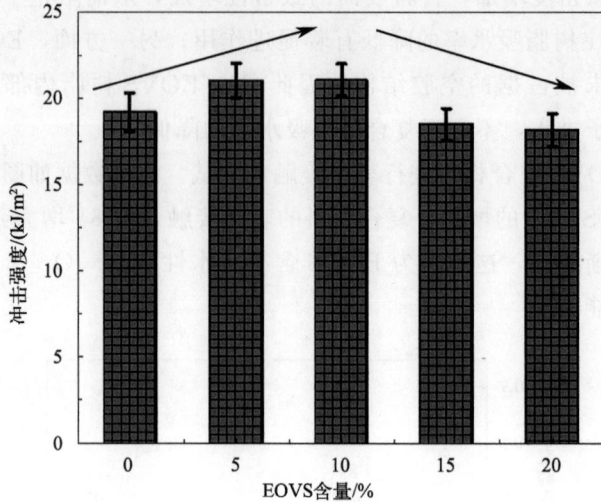

图 4.12　E51 树脂和 E51/EOVS 复合材料的冲击强度

4.2　环氧树脂/氰酸酯/POSS

　　制备低介电聚合物材料的主要方法概括有两种：降低分子极化率和降低极化密度。一般向体系中引入低极性的官能团（C—F、C—Si、C—C）可降低分子极化率。降低极化密度主要是通过向材料中引入中空纳米孔隙，利用空气介质（$\varepsilon \approx 1$）显著地降低聚合物材料的介电常数。上一章主要通过引入中空POSS 降低单位体积极化分子密度制备低介电复合材料，本章将在此基础上添加氰酸酯树脂，同时引入极化率更低的三嗪环，达到降低介电常数的目的。由于刚性三嗪环具有较大的位阻效应，在降低介电常数的同时还可以提高复合材料的耐热性，如升高玻璃化转变温度。Zhang 等[9] 将 POSS-SiO$_2$ 与双环戊二烯双酚双氰酸酯（DCPDCE）树脂复配制备复合材料。系统研究了 POSS-SiO$_2$ 对DCPDCE 树脂力学性能、热性能、介电性能的影响。在 10～60MHz 的测试频率范围内，POSS-SiO$_2$/DCPDCE 体系的介电常数和介电损耗均低于纯 DCP-DCE 树脂。Jiao 等[10] 以氨基丙基功能化介孔二氧化硅（AP-MPS）与缩水甘油酯多面体倍半硅氧烷（G-POSS）为原料，合成了一种新型杂化功能纳米粒子（POSS-MPS）。将 G-POSS 作为分子帽包覆 MPS 并改善其与聚合物基质的相互作用。POSS-MPS 的设计目的是在不影响氰酸酯（CE）固有性能的情况下改善其性能。POSS-MPS/CE 复合材料的介电性能、力学性能和热性能均有显著提高。Li 等[11] 以三乙胺为固化剂，以缩水甘油酯多面体低聚倍半硅氧烷（G-POSS）

和双酚 A 型氰酸酯（CE）为原料，采用熔融共混法制备了高性能杂化材料。当 G-POSS 含量增加到 4%（质量分数）时，介电常数从 3.27 降低到最小值 3.05，耐热性也有明显提高。Lei 等[12]研究了氰酸酯对环氧树脂（EP）的固化性能和介电性能的影响，通过增加 CE 的含量，固化后的共混物热性能得到了一定程度的改善，残碳率明显降低，介电常数和介电损耗也明显降低。

综上所述，氰酸酯树脂的加入不仅可改善材料的介电常数，还能提高耐热性。在纯 E51 树脂的基础上加入 EOVS 和双酚 A 型氰酸酯树脂（BADCy），引入结构对称的三嗪环以及 EOVS 本征纳米孔隙，可降低复合材料体系中的分子极化率及单位体积极化分子密度，进一步降低介电常数，从而制备超低介电常数复合材料。同时，研究了不同含量 EOVS 对 E51/BADCy/EOVS 网络体系微观结构造成的变化，并深入探究了复合材料的微观结构对介电常数和介电损耗的影响。

4.2.1　E51/BADCy/EOVS 复合材料的制备

以丙酮为溶剂，采用溶液法制备 EOVS 的质量分数为 5%、10%、15% 和 20% 的 E51/BADCy/EOVS 共混体系（E51 和 BADCy 的质量比为 1∶1）。经室温超声 30min 后，在 80℃下磁力搅拌 30min，直至大量溶剂挥发后，将混合物倒入模具中，置于 80℃真空烘箱中抽真空 1h。固化程序为 140℃/2h＋160℃/2h＋180℃/2h＋200℃/2h＋220℃/2h，获得 E51/BADCy/EOVS 复合材料，分别记为 E51/BADCy/5EOVS、E51/BADCy/10EOVS、E51/BADCy/15EOVS、E51/BADCy/20EOVS。用相同工艺制备 E51 和 BADCy 的共聚物作为对照实验，记为 E51/BADCy。图 4.13 为 E51/BADCy/EOVS 复合材料的制备过程。

4.2.2　E51/BADCy/EOVS 复合材料的固化机理

通过 DSC 和 FTIR 探索了 E51/BADCy/EOVS 复合材料的固化机理。在 DSC 固化曲线（图 4.14）中，与 E51/BADCy 共聚物相比，E51/BADCy/EOVS 复合材料在固化过程中有两个放热峰[13]。由此可推断，E51 与 BADCy 的共聚释放了大量热量，使 DSC 谱图在 289.7℃下出现较大的放热峰。然而，较小的放热峰可归因为 E51/BADCy 和 EOVS 的相互作用，这表明 EOVS 能与 E51/BADCy 体系发生化学反应。此外，随着 EOVS 添加量的增加，E51/BAD-Cy/EOVS 复合材料的固化温度从 289.7℃显著降低至 220.6℃。说明 EOVS 对 E51/BADCy 共聚物有着较明显的催化作用，EOVS 的环氧基团可以促进 BAD-Cy 自聚生成三嗪环[14-15]。

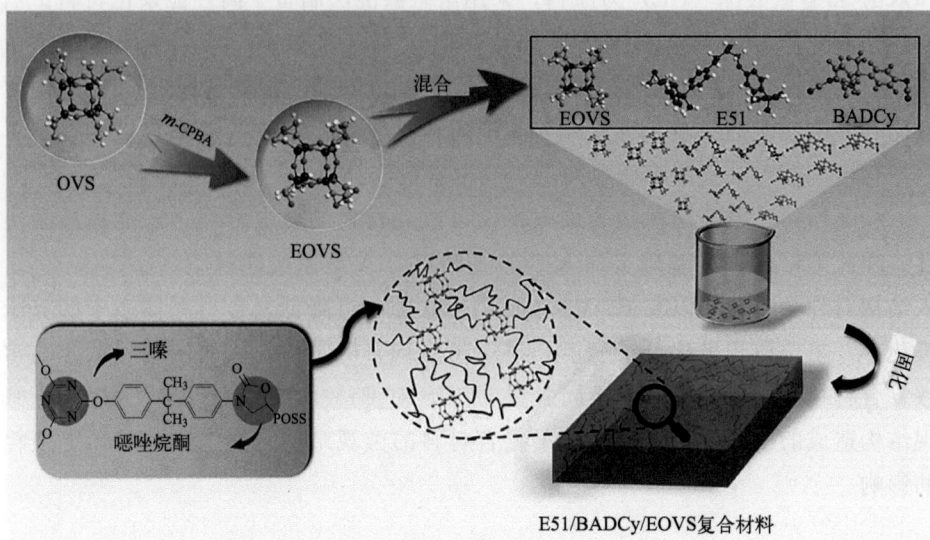

图 4.13　E51/BADCy/EOVS 复合材料的制备过程

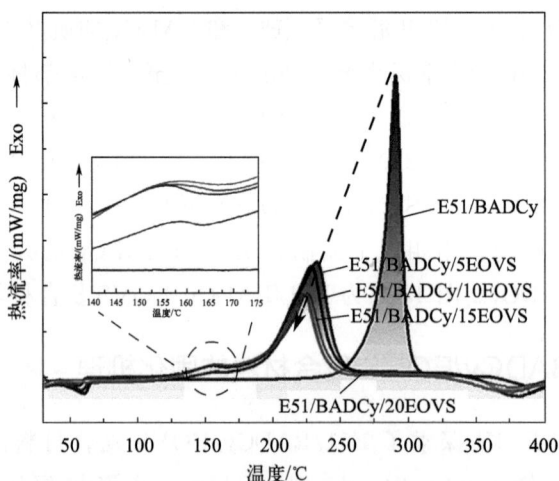

图 4.14　E51/BADCy/EOVS 复合材料的 DSC 曲线

利用 FTIR 跟踪了 E51/BADCy/EOVS 复合材料的固化过程。根据谱图中官能团的变化推断微观结构演变以及主要固化反应机理。在图 4.15 (a) 中，当固化温度为 160℃时，可以观察到—OCN 在 2235cm^{-1} 和 2279cm^{-1} 处的特征峰几乎消失[10,16]，三嗪环的特征峰和—C≡N—的特征峰随着固化温度的升高，在 1565cm^{-1} 和 1365cm^{-1} 处变得更加明显。该现象表明氰酸酯单体发生了聚合反应，部分单体自聚形成三嗪环结构[17-18]。此外，噁唑烷酮的特征峰

（1750cm^{-1}）在 160℃ 后变得明显，同时 E51 和 EOVS 的环氧基团在 912cm^{-1} 和 875cm^{-1} 处的特征峰逐渐消失［图 4.15(b)］[8,19]，这表明 E51 和 EOVS 的环氧基团都参与了体系的反应。在图 4.15（b）中，可以清楚地看到在 912cm^{-1} 和 875cm^{-1} 处分别代表 E51 和 EOVS 环氧基团的特征峰。图 4.15（c）根据以上分析总结了 E51/BADCy/EOVS 复合材料系统中的主要固化机理。一方面，氰酸酯单体发生自聚反应形成三嗪环；另一方面，氰酸酯基团分别与 E51 和 EOVS 上的环氧基团反应形成噁唑。

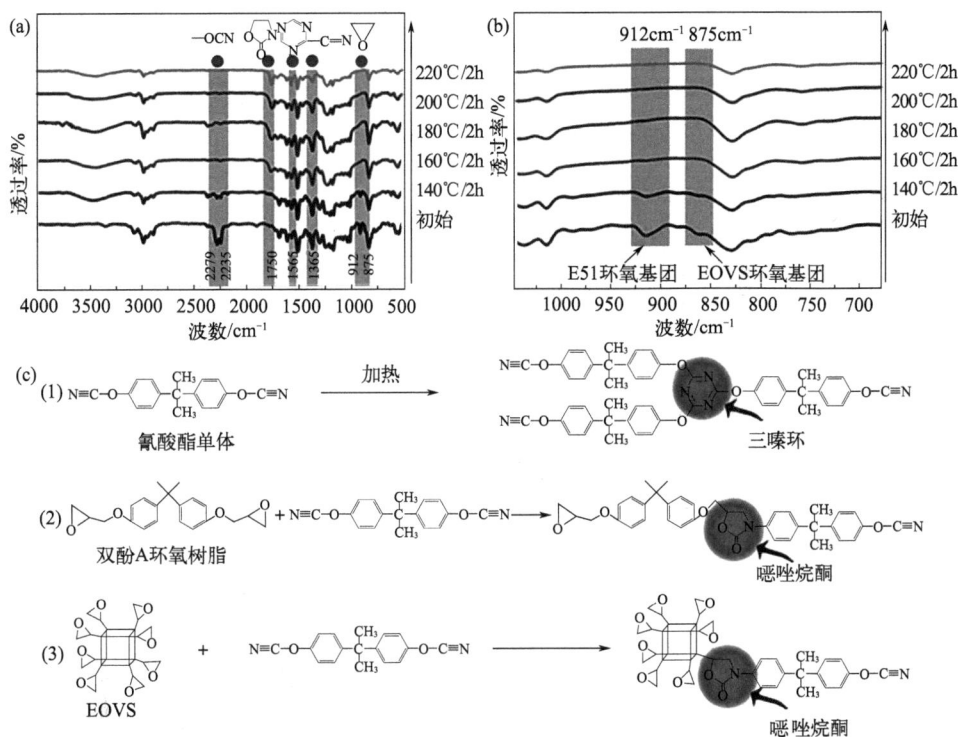

图 4.15 复合材料 FTIR 光谱

（a）E51/BADCy/15EOVS 复合材料在不同温度下固化的 FTIR 光谱；（b）谱图（a）在 1000～700cm^{-1} 范围内的放大图；（c）E51/BADCy/EOVS 复合材料的主要反应机理

4.2.3 EOVS 在复合材料中的分散性

纳米粒子的分散性是复合材料加工的主要挑战，有机和无机组分之间的界面决定复合材料的最终性能。EOVS 在 E51/BADCy 基质中的分散情况可以通过 EDS 进行观察，图 4.16（a）中的小点代表 EOVS 中硅元素的分布。随着

EOVS含量增加，硅均匀分散的同时变得更加致密，说明纳米填料EOVS在BADCy/EOVS树脂基体中有着良好的分散性。但在EOVS为20％时出现了几个明显的大点，这表明EOVS在基质中发生了团聚[20]。图4.16（b）显示了不同EOVS含量的复合材料的XRD谱图。可以观察到E51/BADCy/EOVS复合材料的谱图中只有一个较宽的无定形峰，并随着EOVS含量增多，出现向左偏移的趋势，说明EOVS填料对E51/BADCy树脂有一定的相互作用，使得EOVS填料能均匀分散在树脂基体中。然而，在E51/BADCy/20EOVS复合材料中，在$2\theta=32.1°$和$33.8°$处出现了峰，这是由EOVS产生的，这意味着纳米颗粒发生了团聚[21-22]。图4.16（c）是不同含量EOVS的E51/BADCy/EOVS树脂的光学照片，随着EOVS含量的增加，材料的透光率越来越差，每个样品的透光性均一，进一步说明EOVS和E51/BADCy树脂相容性良好。

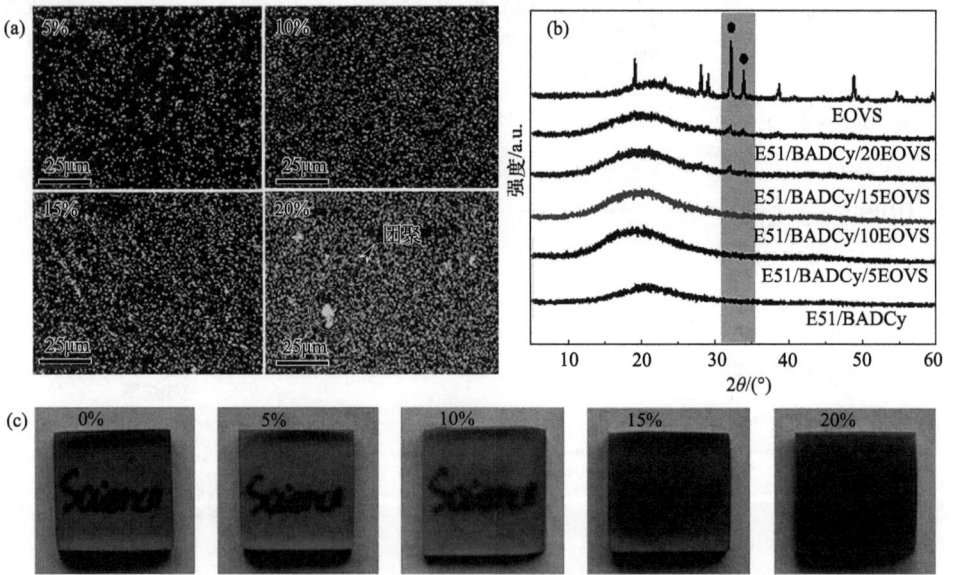

图4.16 不同EVOS含量的E51/BADCy/EOVS复合材料的Si元素分布图（a）；
E51/BADCy/EOVS的XRD谱图（b）；不同含量EOVS的
E51/BADCy/EOVS的光学照片（c）

4.2.4 E51/BADCy/EOVS复合材料的动态热力学性能

通过DMA研究固化树脂的动态热力学性能。DMA数据如表4.4所示，为更好地分析，计算了各种复合材料的交联密度（ρ）。从图4.17（a）可看出，加入BADCy树脂后，E51/BADCy共聚物仍然呈单一峰，说明两种树脂是单一相，有着很好的相容性，这是因为二者能发生化学反应。另外，和纯 E51 相比，E51/BADCy 树脂的玻璃化转变温度有了较明显的提高，E51/BADCy 的 T_g 从 147℃上升到 203.3℃，这是由于加入氰酸酯后，生成的三嗪环和噁唑烷酮具有一定的位阻效应，阻碍了高分子链段的运动[23]。此外，随着 EOVS 添加量的增加，复合材料的 T_g 呈先下降后上升的趋势。随着 EOVS 纳米填料的添加，有更多相对柔性的噁唑烷酮生成，从而破坏了网络体系中的三嗪环结构，有利于分子链运动能力再次提高[11]。然而，值得注意的是，EOVS 上含有多个环氧基团，存在更多的反应位点，当加入量过多时反而容易形成高交联密度网络。因此，在具有高 EOVS 质量分数的复合材料中，T_g 反而升高，正是因为 E51/BADCy/EOVS 复合材料的交联密度不断增大，链迁移的自由度受到了较大的限制。

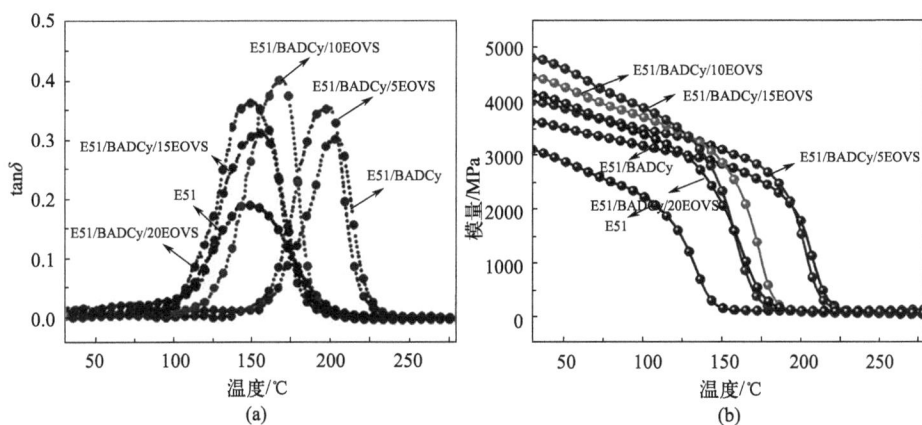

图 4.17　E51/BADCy/EOVS 复合材料的 DMA 曲线

图 4.17（b）显示了 E51/BADCy/EOVS 复合材料的储能模量（E'）。与纯 E51 基体相比，E51/BADCy 的储能模量得到了提高，这可归因于刚性更大的三嗪环结构。此外，随 EOVS 添加量的增加，E51/BADCy/EOVS 复合材料的 E' 先提高后降低。EOVS 含量较低时，能在 E51/BADCy 树脂基体中均匀分散，刚性粒子 EOVS 有着大尺寸效应，对聚合物有增强作用。另外，EOVS 中的醚键和环氧树脂的羟基能形成氢键，这种作用力会在材料表面形成特殊结构的界面层，使得复合材料具有更高的刚度和抗变形能力。当 EOVS 超过一定量时，过多的噁唑烷酮将破坏三嗪环，导致网络体系规整度下降。同时，材料的刚度与 EOVS 的分散状态也密切相关，粒子团聚会降低界面结合力，E51/BADCy/EOVS 的储能模量反而会降低[3]。

表 4.4　E51/BADCy/EOVS 复合材料的 DMA 数据

样品	$E'(30℃)$/MPa	T_g/℃	$E'(T_g+40℃)$/MPa	ρ/(mol/m^3)
E51	3096.9	147.3	98.2	$8.63×10^{-3}$
E51/BADCy	3623.6	203.3	41.7	$3.24×10^{-3}$
E51/BADCy/5EOVS	3995.0	197.6	56.8	$4.46×10^{-3}$
E51/BADCy/10EOVS	4455.0	169.7	60.3	$5.01×10^{-3}$
E51/BADCy/15EOVS	4809.6	151.8	91.5	$7.89×10^{-3}$
E51/BADCy/20EOVS	4132.4	154.7	104.1	$8.92×10^{-3}$

4.2.5　E51/BADCy/EOVS 复合材料的介电性能

前文提到，降低材料的介电常数有两种策略：一种是降低分子极化率；另一种是通过引入孔隙来降低极性分子的密度[24-25]。一方面，通过添加氰酸酯树脂，引入更多低极性的基团，如三嗪环；另一方面，POSS 纳米填料的加入能引进更多孔隙，使材料的密度降低，网络体系的自由体积增大，从而减小材料的介电常数。图 4.18 展示了各种树脂在宽频率下的介电常数，随着频率的增加而减小。界面极化和偶极极化的弛豫时间较长，无法跟上电场的变化，导致分子极化贡献减少，因此介电常数随着频率的增加而不断下降[26-27]。在图 4.18（a）中，E51/BADCy 共聚物的介电常数值随着 BADCy 含量的增加而持续下降。可以通过德拜方程进一步描述复合材料的介电行为[28-29]：

$$\frac{\varepsilon-1}{\varepsilon+2}=\frac{N}{3\varepsilon_0}\left(\alpha_e+\alpha_d+\frac{\mu^2}{3kT}\right) \tag{4.2}$$

式中，ε 是介电常数；N 是单位体积的极化分子数；α_e 和 α_d 分别是电子极化和畸变极化；μ 是与偶极矩有关的取向极化；k 是玻尔兹曼常数；T 是温度。

随着氰酸酯树脂质量分数的增加，网络体系中的极性基团—OH 减少，生成更多极化率较低的三嗪环，这意味着取向极化减小，因而介电常数下降[30]。当环氧树脂与氰酸酯的质量比为 1∶1 时，介电常数下降至最小值 3.4。此外，由图 4.18（b）可知，当 EOVS 含量为 15% 时，E51/BADCy/EOVS 复合材料的介电常数降低到 2.0。介电常数下降的主要原因是笼型 EOVS 引入了大量空隙至复合材料中，使得自由体积增加，导致单位体积极性偶极子数量减少，介电常数降低[31]。

为分析聚合物的自由体积，采用正电子湮没寿命光谱（PALS）来探索介电常数和自由体积之间的关系[32-33]。它是通过正电子（o-Ps）寿命（τ_3，ns）对自由体积进行研究，最长寿命组件提供有关材料纳米空隙尺寸和数量的信息。

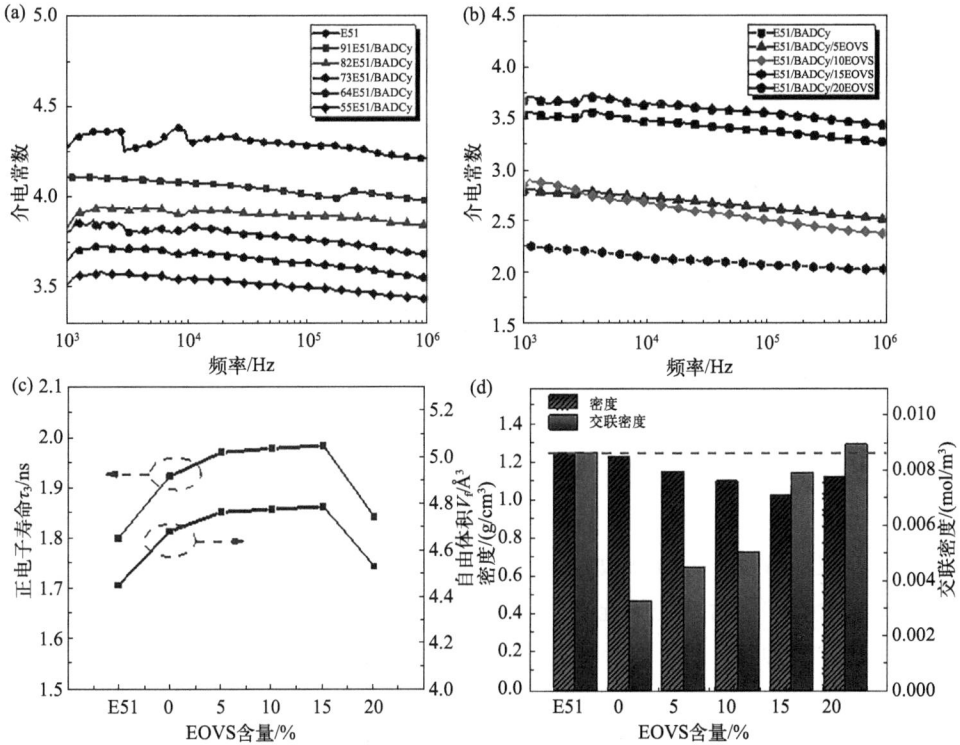

图 4.18　ε 对 xyE51/BADCy 共聚物在不同质量比（x 和 y 是 E51 和 BADCy 的质量比）（a）和具有不同 EVOS 含量的 E51/BADCy/EOVS 复合材料的频率依赖性（b），E51/BADCy/EOVS 复合材料的 τ_3 和 V_f 与 EOVS 含量的关系（c），以及 E51/BADCy/EOVS 复合材料的密度和交联密度与 EOVS 含量的关系（d）

τ_3 与自由体积空腔半径（R，Å）的关系可以表示如下[34-35]：

$$\tau_3 = \frac{1}{2}\left(1 - \frac{R}{R_0} + \frac{1}{2\pi}\sin\frac{2\pi R}{R_0}\right)^{-1} \qquad (4.3)$$

式中，R_0 是半经验常数，为 1.656Å。假设空腔的自由体积为球形，其体积（V_f，Å³）可根据下式计算[32]：

$$V_f = \frac{4}{3}\pi R^3 \qquad (4.4)$$

如图 4.18（c）所示，随着 EOVS 质量分数的增加，E51/BADCy/EOVS 复合材料的 τ_3 从 E51/BADCy 树脂的 1.924ns 逐渐延长至 1.979ns。相应地，复合材料的 V_f 从 4.677Å³ 增加到 4.775Å³。这证明介电常数降低的原因是由自由体积减小引起的[35]。

当 EOVS 的质量分数增加至 20％时，E51/BADCy/EOVS 复合材料的自由体积反而减小，介电常数呈现增加的趋势。对于 E51/BADCy/EOVS 三元体系，自由体积由网络中的交联密度和 POSS 引入的孔隙率共同决定。加入过量的 EOVS 会改变网络体系的结构，环氧基团和—OCN 基团会发生化学反应形成高交联密度网络。当交联密度对自由体积的贡献大于 EOVS 的本征孔隙率时，自由体积反而减小。材料密度的改变同样反映了自由体积的变化趋势，从图 4.18 (d) 可知，添加笼型 EOVS 后，E51/BADCy/EOVS 复合材料的密度减小。但网络体系的交联密度在不断增大，直到 EOVS 添加量为 15％时，交联密度对材料密度的影响大于 EOVS 所引入的孔隙率，材料的密度开始出现增大的趋势。

根据以上分析，E51/BADCy/EOVS 三元体系的分子链空间结构的变化与介电常数的关系可以确定。随着 EOVS 含量的增加，交联密度增加，但引入的空腔足够多，使自由体积增加，介电常数减小。然而过量的 EOVS 会使分子链堆砌更紧密，交联密度更大，导致交联密度对自由体积的影响成为主导因素，自由体积反而减小，介电常数增加。图 4.19 显示了 E51/BADCy/EOVS 体系在 EOVS 低含量和高含量的情况下分子链的空间结构。因此，EOVS 纳米填料存在一个最佳添加量，而不是单纯追求高含量。

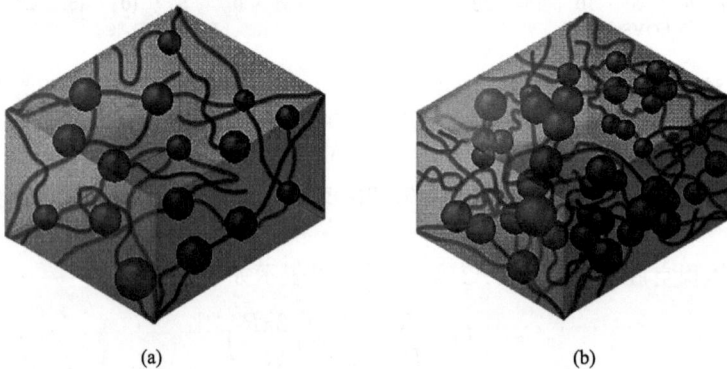

图 4.19　EOVS 低含量（a）和高含量（b）的 E51/BADCy/EOVS 复合材料的分子链空间结构

介电损耗（tanδ）不仅使信号传输过程中产生热量，还会造成电信号损耗，因此，有必要减小介电损耗并探究其影响因素。根据前文红外谱图提出的固化机理，E51/BADCy/EOVS 网络体系的主要偶极子如图 4.20 所示，主要包括羟基、环氧基、噁唑烷酮、三嗪环和极性自由基，自由基由电子顺磁共振波谱仪（EPR）检测得出。

在图 4.21 中，随着电场频率的增加，所有材料的介电损耗都呈现先下降后上升的趋势。通常，在聚合物中主要发生界面极化和偶极极化，偶极极化一般发生在 $10^3 \sim 10^{10}$ Hz 的频率范围内，而界面极化可以在低频（$< 10^3$ Hz）下表征[36]。图 4.21（b）中，低于 10^2 Hz 时，复合材料的介电损耗较高，主要是由材料中的杂质和界面极化引起的[37]。在 $10^2 \sim 10^4$ Hz 范围内，复合材料的介电损耗呈现轻微的增加趋势，虽然较小的极化单元如自由基、羟基和环氧基的弛豫时间较小，有足够的时间建立取向极化，但三嗪环和噁唑烷酮偶极子体积较大，取向极化滞后于电场的变化，为克服分子的热运动导致能量损耗，产生热量，导致介电损耗增加。在 $10^4 \sim 10^6$ 频率范围中，所有材料的介电损耗都倾向于大幅度增加。在这个阶段，即使是体积很小的自由基和—OH 基团也无法跟上交变电场的振荡，从而导致分子极化增加。

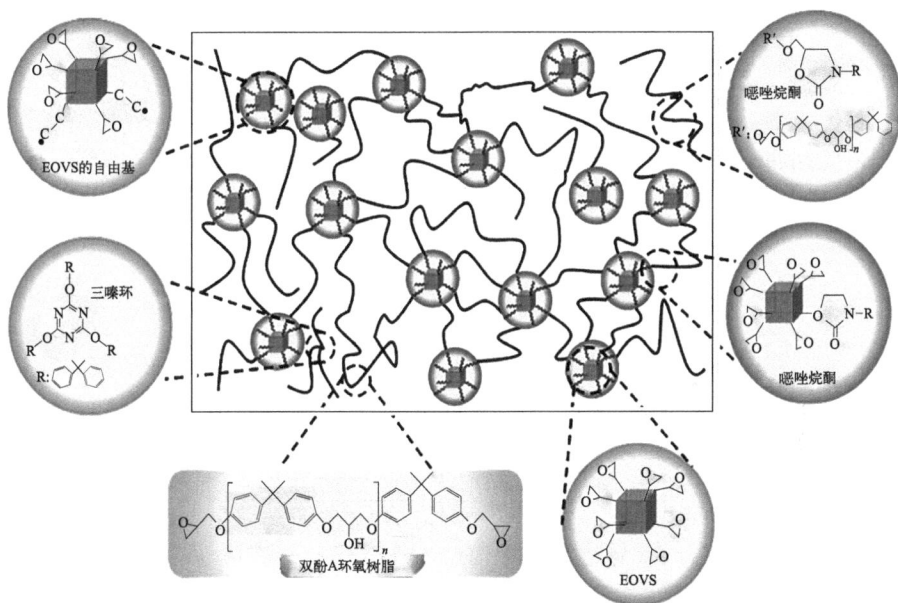

图 4.20　E51/BADCy/EOVS 复合材料中的主要偶极子

此外，随着 EOVS 质量分数的增加，E51/BADCy/EOVS 复合材料的 tanδ 在图 4.21（b）中呈现先下降后上升的趋势。当 EOVS 含量为 15% 时，tanδ 达到最低值，0.0036（1MHz）。一方面，极性大的基团—OH 减少使得介电损耗降低；另一方面，当 EOVS 含量较低时，树脂基体中会形成大量孤立的相互作用区，可阻碍分子链上偶极基团的运动。然而，EOVS 添加量为 20% 时，复合材料的介电损耗表现出增加的趋势，这主要归因于三个原因。首先，环氧基团不断增多，与—OCN 基团反应形成噁唑烷酮，从而破坏了结构规整的三嗪环[26]。其次，过量的 EOVS 纳米填料有团聚的倾向，会使孤立的界面区域转变为重叠的界面区域，导致结合层和邻近分子链之间的限制减少，一些偶极基团可以自由地重新取向[22]。最后，自由基也在一定程度上影响介电损耗[23]。由于在 E51/BADCy/EOVS 三元体系中有不少的不饱和键，在高温固化过程中容易产生自由基。因此，使用 EPR 来探索网络结构系统中的自由基，图 4.21（c）中复合材料中自由基的数量确实随着 EOVS 含量的增加而增加，这也是介电损耗降低的原因之一。

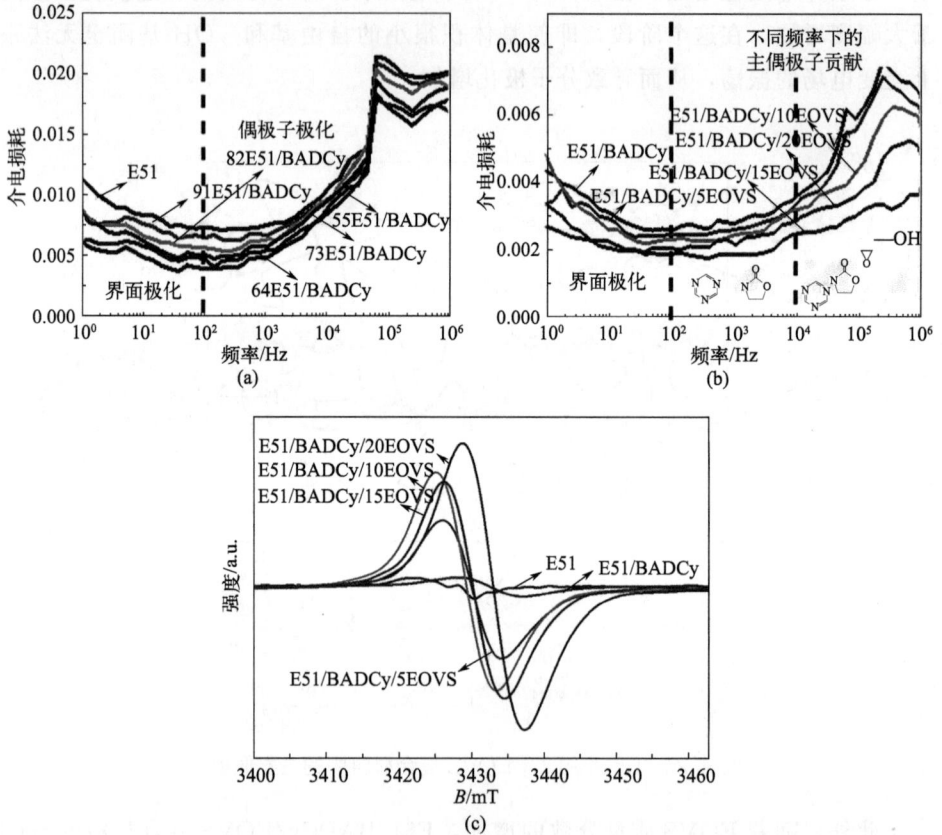

图 4.21 tanδ 对 E51/BADCy 共聚物在不同质量比（a），E51/BADCy/EOVS 复合材料中不同 EVOS 含量的频率依赖性（b），以及 E51/BADCy/EOVS 复合材料的 EPR 光谱（c）

4.2.6 E51/BADCy/EOVS 复合材料的热稳定性

通过 TGA 分析了不同复合材料的热性能，其相应的 TGA 和 DTG 曲线如图 4.22 所示。DTG 曲线仅显示了一个热解过程 [图 4.22(b)]，表明 BADCy

和 EOVS 的引入对 E51 的热降解机理没有显著影响。如表 4.15 所示，与 E51 树脂相比，E51/BADCy 的初始分解温度 T_{d5} 从 379.7℃降至 320.9℃，这是由于 BADCy 自聚后形成了含 C $=$ N 键的三嗪环，在高温下不稳定[23]。此外，E51/BADCy/EOVS 的耐热指数（T_{HRI}^{a}）在掺入 EOVS 纳米颗粒后逐渐提高[38]。有两个原因可以解释复合材料性能的改善。首先，有机-无机 EOVS 能在高温下对 E51/BADCy 树脂起到屏障和保护作用，在一定程度上抑制 E51/BADCy 热解挥发物的渗出[11]。其次，高交联密度的网络结构有利于限制聚合物分子链段的运动，从而增加分子链降解的能量消耗。随着 EOVS 的进一步增加，形成了大量的噁唑烷酮，这些基团相对于三嗪环结构具有更差的耐热性，体系的自由基也能进一步促进分子链分解，导致 T_{HRI}^{a} 下降。值得注意的是，由于无机硅结构具有更好的耐热性，Si—O—Si 键的解离能（460kJ/mol）高于 C—O（345kJ/mol），随着 EOVS 添加量的增加，残碳率在 800℃下呈线性增加[39,1]。

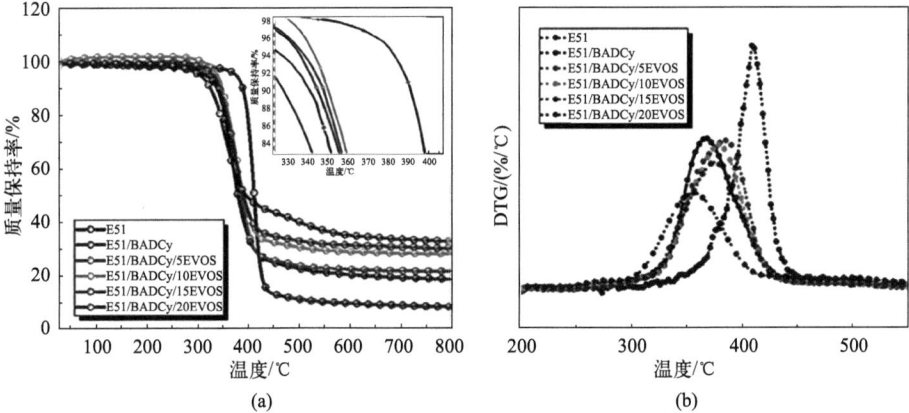

图 4.22 E51/BADCy/EOVS 复合材料的 TGA 曲线（a）和 DTG 曲线（b）

表 4.5 E51/BADCy/EOVS 复合材料的 TGA 数据

样品	T_{d5}/℃	T_{d30}/℃	T_{HRI}^{a}/℃	800℃残碳率/%
E51	379.7	405.2	193.6	8.7
E51/BADCy	320.9	362.9	169.6	19.1
E51/BADCy/5EOVS	334.4	369.4	174.1	22.0
E51/BADCy/10EOVS	340.7	373.2	176.5	28.7
E51/BADCy/15EOVS	331.3	368.8	173.3	30.7
E51/BADCy/20EOVS	308.9	358.9	166.1	33.3

4.2.7 E51/BADCy/EOVS复合材料的韧性

冲击强度是衡量材料韧性的重要指标。图 4.23 中，添加氰酸酯树脂后，E51/BADCy 的冲击强度增加，材料的韧性得到提升，这可归因于交联密度的降低。此外，对于 E51/BADCy/EOVS 三元体系，冲击强度先随着 EOVS 质量分数的增加而增加。添加 10% 的 EOVS 后，E51/BADCy/EOVS 复合材料的冲击强度达到最大值 40.7kJ/m^2。EOVS 与树脂基体发生反应，以分子级均匀分散在树脂中，达到刚性颗粒增韧的效果。填料进一步添加后，冲击强度下降。这是因为大部分纳米粒子在树脂基体中没有良好地分散，发生了团聚，使材料内部产生缺陷，致使界面应力集中，力学性能下降。与此同时，E51/BADCy/EOVS 复合材料的交联密度不断增加，导致材料变脆。尽管含有 20% EOVS 的复合材料的冲击强度出现降低的趋势，但与 E51/BADCy 树脂相比，它的韧性仍得到显著提高[16]。

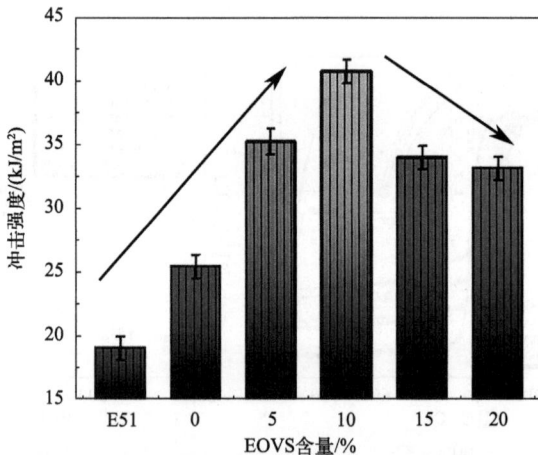

图 4.23 E51/BADCy/EOVS 复合材料的冲击强度

图 4.24 展示了不同树脂横截面的 SEM 图像，进一步探讨了复合材料的增韧机理。如图（a）和（b）所示，E51 和 E51/BADCy 树脂的横截面光滑平整，属于典型的脆性断裂特征。图（c）断裂表面相对粗糙，出现更多的弧线，同时分裂出许多细小的脊线，这归因于裂纹偏转和裂纹分叉。裂纹偏转是指 POSS 聚集体使裂纹偏离其主平面，导致裂纹表面积和裂纹扩展能量增加从而吸收更多的能量。裂纹分叉是由于 POSS 聚集体的引入抑制了裂纹的扩展，使它们集中分布在裂纹尖端，从而使主裂纹产生许多细小的分支。二者都可以吸收裂纹的能量并抑制裂纹扩展[16]。在图（d）中，呈现出粗糙而多台阶的形貌，有一些细小碎屑被拉出。拉出是复合材料十分重要的增韧机制，可以起到耗散能量

的效果，从而提高材料的韧性。为充分发挥这种机制的增韧作用，增强体和基体的界面结合程度是关键，过强的界面结合将导致裂纹穿过增强体（增强体破坏），不发生拉出；过弱的界面结合则难以实现应力传递，增强体反而成为材料的缺陷，恶化了材料的力学性质。EOVS 的环氧基与体系发生化学反应，获得了合适的界面结合强度。图（e）和（f）的断裂面相当粗糙，不规则裂纹取代了之前的直裂纹。这是裂纹钉扎的典型增韧机制，这意味着扩展的裂纹不能穿透刚性粒子 EOVS，裂纹前缘在 EOVS 纳米填充物之间弯曲，增加了裂纹长度，从而达到复合材料断裂过程中增加能量耗散的目的[13,35]。值得注意的是，图（l）有较大聚集体被拉出，甚至产生孔洞，这将产生内部缺陷和应力集中，是力学性能变差的关键原因。

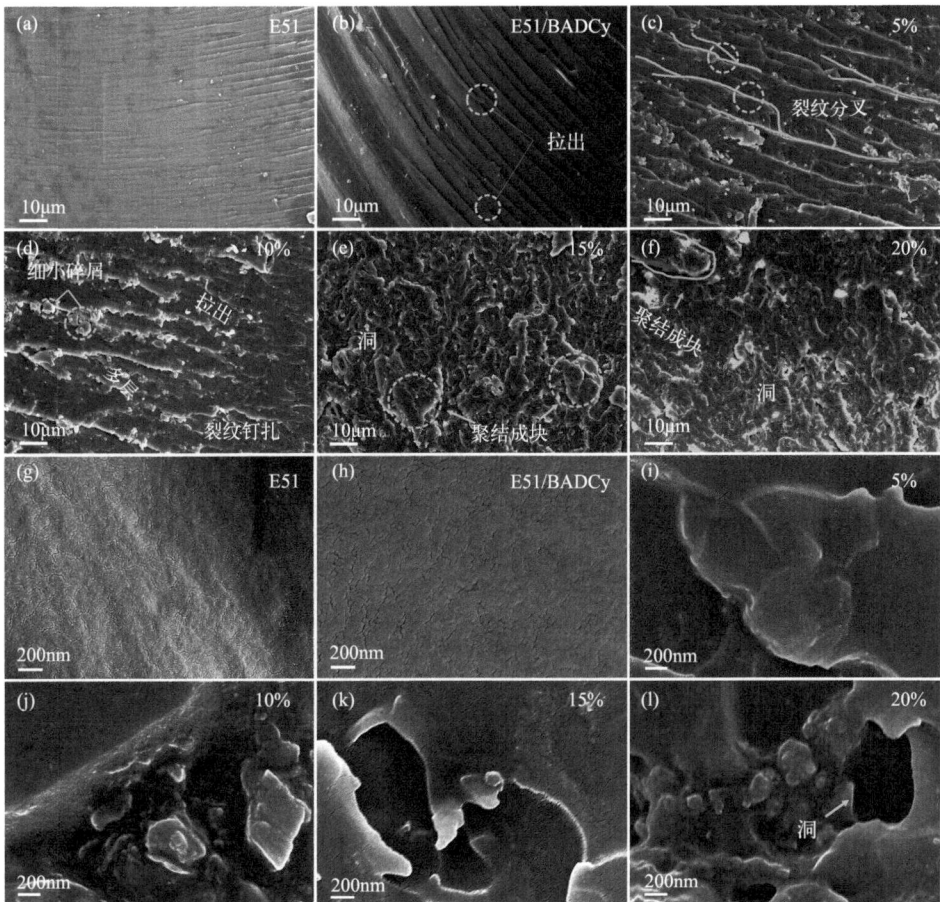

图 4.24 不同放大倍数的纯 E51（a）、（g）和 E51/BADCy/EOVS 复合材料
在不同含量 EOVS，即 0%（b）、（h），5%（c）、（i），10%（d）、（j），
15%（e）、（k），20%（f）、（l）时的冲击断口的不同放大倍数的 SEM 图像

根据复合材料的冲击试验结果和断口形貌观察，提出了刚性粒子增韧机制，即裂纹分叉、裂纹偏转、裂纹钉扎和拉出。随着 EOVS 含量增加，材料从裂纹分叉、裂纹偏转到裂纹拉出和钉扎，增加了能量耗散，达到增韧的效果。然而，随着纳米填料过量，材料逐渐团聚，导致大块体脱落，产生较大的孔洞，力学性能变差。

4.2.8　E51/BADCy/EOVS 复合材料的耐湿性

热固性树脂中极少的水分也会显著影响其介电性能。从图 4.25（a）可以看出，所有树脂的吸水率在 0～100h 内都有增加，100h 后吸水率趋于不变。第一阶段主要是水分子从树脂表面扩散到网络结构内部，导致吸水率增加。当网络结构达到饱和状态时，吸水率保持稳定，几乎不变[26]。此外，在同一浸渍时间，随着 EOVS 含量的增加，复合材料的耐水性不断提高。复合材料不仅含有具有优异疏水性的 Si—O—Si 键，而且在引入 EOVS 后交联密度也不断增加。在图 4.25（b）中，接触角进一步证明了 E51/BADCy/EOVS 从亲水材料到疏水材料的良好耐水性。在 20% EOVS 负载下，接触角从 75.5° 增加到 103.4°，这归因于含有无机疏水骨架 Si—O—Si 的材料的低表面能[40-41]。

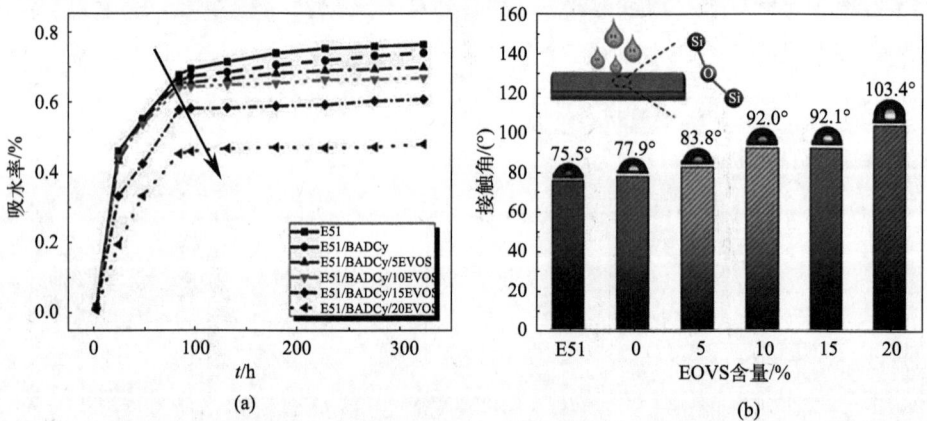

图 4.25　E51/BADCy/EOVS 复合材料的吸水率（a）和接触角（b）

4.3　小结

随着通信和信息技术的快速发展，低介电常数（ε）和介电损耗（$\tan\delta$）的高性能绝缘材料已成为研究热点。因为材料的介电性能和电信号的传播密切相关，介电常数越低，电信号的传播速度越快；介电损耗越低，电信号的传播损耗率越低。POSS 具有优异的介电性能、耐热性能、机械性能和相容性，可通过共聚、化学接枝或共混分散在聚合物基质中，从而提高材料的综合性能，有效降低介电常数，因此受到电子通信行业的广泛关注。本章以八乙烯基 POSS（OVS）为原料合成环氧基 POSS（EOVS），分别探究 EOVS 对环氧树脂（E51）以及环氧树脂/氰酸酯树脂（E51/BADCy）复合材料的介电性能、耐热性、热机械性能、耐湿性和韧性的影响。

E51/EOVS 复合材料体系中，SEM 和 EDS 结果表明，当 EOVS 含量低于 15%时，能在复合材料中均匀分散。DMA 结果显示，添加 EOVS 后，E51/EOVS 复合材料的储能模量有较大的提高，从纯树脂的储能模量 2842.3MPa 提升至 4660.0MPa，这是刚性粒子和交联密度共同的贡献。由于纳米孔隙的引入，E51/EOVS 复合材料的介电常数从 4.21 降低至 2.51（MHz）。由 TGA 可知，随着 EOVS 的增加，复合材料的热稳定性提高，当 EOVS 添加量为 20%时，T_{d10} 较 5%时提高了 9℃，残碳率达到了 26.63%，这归因于 EOVS 无机骨架的引入和交联密度的增加。同时，由于 Si—O—Si 无机骨架的疏水性，E51/EOVS 复合材料有着良好的耐湿性，表面接触角从 84°增大到 97°。

E51/BADCy/EOVS 复合材料体系中，首先，通过正电子湮没寿命光谱（PALS）比较网络体系的自由体积，探究自由体积对介电常数的影响，EOVS 填料和氰酸酯的引入可增加环氧树脂的自由体积，使介电常数减小。其次，利用傅里叶变换红外光谱（FTIR）和电子顺磁共振波谱（EPR）确定 E51/BADCy/EOVS 三元体系中的偶极子类型，并深入分析了微观结构对介电损耗的影响。数据表明，当 EOVS 负载量为 15%，环氧树脂和氰酸酯树脂质量比为 1∶1，制备出超低介电复合材料（ε＝2.0，1MHz）。元素能谱（EDS）和 X 射线衍射光谱（XRD）证明，EOVS 在 E51/BADCy 共聚物中具有良好的分散性。冲击试验和扫描电子显微镜（SEM）表明，EOVS 的添加能显著提高复合材料的韧性，EOVS 含量为 10%时，E51/BADCy/EOVS 复合材料的冲击强度相对于 E51/BADCy 可提高 59%，并探究了刚性粒子的增韧机理。由热重分析（TGA）可知，EOVS 含量为 20%的复合材料具有较高的热稳定性，800℃下的残碳率为 33.3%。浸泡实验数据显示，引入 EOVS 后，复合材料的吸水率明显降低。随着 EOVS 含量的增加，材料的接触角由 75.5°增加到 103.4°，从亲水材料变成疏水材料，耐湿性有了很大提升。

参考文献

[1] Min D, Cui H, Hai Y, et al. Interfacial regions and network dynamics in epoxy/POSS nanocomposites unravelling through their effects on the motion of molecular chains [J]. Composites Science and Technology, 2020, 199: 108329.

[2] Vryonis O, Riarh S, Andritsch T, et al. Stoichiometry and molecular dynamics of anhydride-cured epoxy resin incorporating octa-glycidyl POSS Co-Monomer [J]. Polymer, 2021, 213: 123312.

[3] Florea N M, Lungu A, Badica P, et al. Novel nanocomposites based on epoxy resin/epoxy-functionalized polydimethylsiloxane reinforced with POSS [J]. Composites Part B: Engineering, 2015, 75: 226-234.

[4] Zhang S, Yan Y, Li X, et al. A novel ultra low-k nanocomposites of benzoxazinyl modified polyhedral oligomeric silsesquioxane and cyanate ester [J]. European Polymer Journal, 2018, 103: 124-132.

[5] Zhao H, Zhao S Q, Li Q, et al. Fabrication and properties of waterborne thermoplastic polyurethane nanocomposite enhanced by the POSS with low dielectric constants [J]. Polymer, 2020, 209 (3): 122992.

[6] Zhang M, Yan H, Yuan L, et al. Effect of functionalized graphene oxide with hyperbranched POSS polymer on mechanical and dielectric properties of cyanate ester composites [J]. RSC Advances, 2016, 6: 38887-38896.

[7] Gu J, Dong W, Tang Y, et al. Ultralow dielectric, fluoride-containing cyanate ester resins with improved mechanical properties and high thermal and dimensional stabilities [J]. Journal of Materials Chemistry C, 2017, 5: 6929-6936.

[8] Liu L, Yuan Y, Huang Y, et al. A new mechanism for the low dielectric property of POSS nanocomposites: The key role of interfacial effect [J]. Phys Chem Chem Phys, 2017, 19: 14503-14511.

[9] Zhang M, Yan H, Liu C, et al. Preparation and characterization of POSS-SiO$_2$/cyanate ester composites with high performance [J]. Polymer Composites, 2015, 36: 1840-1848.

[10] Jiao J, Zhao L, Wang L, et al. A novel hybrid functional nanoparticle and its effects on the dielectric, mechanical, and thermal properties of cyanate ester [J]. Polymer Composites, 2016, 37: 2142-2151.

[11] Li W, Huang W, Kang Y, et al. Fabrication and investigations of G-POSS/cyanate ester resin composites reinforced by silane-treated silica fibers [J]. Composites Science and Technology, 2019, 173: 7-14.

[12] Lei Y, Xu M, Jiang M, et al. Curing behaviors of cyanate ester/epoxy copolymers and

their dielectric properties [J]. High Performance Polymers, 2016, 29: 1175-1784.

[13] Jiao J, Zhao L Z, Xia Y, et al. Toughening of cyanate resin with low dielectric constant by glycidyl polyhedral oligomeric silsesquioxane [J]. High Performance Polymers, 2016, 29: 458-466.

[14] Rakesh S, Sakthi Dharan C P, Selladurai M, et al. Thermal and mechanical properties of POSS-Cyanate ester/epoxy nanocomposites [J]. High Performance Polymers, 2012, 25: 87-96.

[15] Lin Y, Jin J, Song M, et al. Curing dynamics and network formation of cyanate ester resin/polyhedral oligomeric silsesquioxane nanocomposites [J]. Polymer, 2011, 52: 1716-1724.

[16] Zhang Z, Liang G, Wang X, et al. Epoxy-functionalized polyhedral oligomeric silsesquioxane/cyanate ester resin organic-inorganic hybrids with enhanced mechanical and thermal properties [J]. Polymer International, 2014, 63: 552-559.

[17] Bershtein V, Fainleib A, Gusakova K, et al. Silica subnanometer-sized nodes, nanoclusters and aggregates in cyanate ester resin-based networks: Structure and properties of hybrid subnano-and nanocomposites [J]. European Polymer Journal, 2016, 85: 375-389.

[18] Li X, Hu X, Liu X, et al. A novel nanocomposite of NH_2-MIL-125 modified bismaleimide-triazine resin with excellent dielectric properties [J]. Journal of Applied Polymer Science, 2021, 139: 51487.

[19] Devaraju S, Vengatesan M R, Selvi M, et al. Mesoporous silica reinforced cyanate ester nanocomposites for low k dielectric applications [J]. Microporous and Mesoporous Materials, 2013, 179: 157-164.

[20] Zhang S, Li X, Fan H, et al. Epoxy nanocomposites: Improved thermal and dielectric properties by benzoxazinyl modified polyhedral oligomeric silsesquioxane [J]. Materials Chemistry and Physics, 2019, 223: 260-267.

[21] Liang K, Toghiani H, Pittman C U, et al. Synthesis, morphology and viscoelastic properties of epoxy/polyhedral oligomeric silsesquioxane (POSS) and epoxy/cyanate ester/POSS nanocomposites [J]. Journal of Inorganic and Organometallic Polymers and Materials, 2010, 21: 128-142.

[22] Chandramohan A, Dinkaran K, Kumar A A, et al. Synthesis and characterization of epoxy modified cyanate ester POSS nanocomposites [J]. High Performance Polymers, 2012, 24: 405-417.

[23] Zhang L, Zhou Y, Mo Y, et al. Dielectric property and charge evolution behavior in thermally aged polyimide films [J]. Polymer Degradation and Stability, 2018, 156: 292-300.

[24] Han X, Yuan L, Gu A, et al. Development and mechanism of ultralow dielectric loss and toughened bismaleimide resins with high heat and moisture resistance based on unique amino-functionalized metal-organic frameworks [J]. Composites Part B: Engineering,

2018, 132: 28-34.

[25] Guo X, Deng H, Fu Q, et al. An unusual decrease in dielectric constant due to the addition of nickel hydroxide into silicone rubber [J]. Composites Part B: Engineering, 2020, 193: 108006.

[26] Wang C, Tang Y, Zhou Y, et al. Cyanate ester resins toughened with epoxy-terminated and fluorine-containing polyaryletherketone [J]. Polymer Chemistry, 2021, 12: 3753-3761.

[27] Liu Z, Zhang J, Tang L, et al. Improved wave-transparent performances and enhanced mechanical properties for fluoride-containing PBO precursor modified cyanate ester resins and their PBO fibers/cyanate ester composites [J]. Composites Part B: Engineering, 2019, 178: 107466.

[28] Li X, Hu X, Liu X, et al. A novel approach to obtain low-dielectric materials: changing curing mechanism of bismaleimide-triazine resin with ZIF-8 [J]. Journal of Materials Science, 2021, 56: 15767-15781.

[29] Li X, Liu X, Hu X, et al. A novel low-dielectric nanocomposite with hydrophobicity property: Fluorinated MOFs modified bismaleimide-triazine resin [J]. Materials Today Communications, 2021, 29: 102802.

[30] Liu Z, Zhang J, Tang Y, et al. Optimization of PBO fibers/cyanate ester wave-transparent laminated composites via incorporation of a fluoride-containing linear interfacial compatibilizer [J]. Composites Science and Technology, 2021, 210: 108838.

[31] Huang X, Xie L, Jiang P, et al. Morphology studies and ac electrical property of low density polyethylene/octavinyl polyhedral oligomeric silsesquioxane composite dielectrics [J]. European Polymer Journal, 2009, 45: 2172-2183.

[32] Qian C, Bei R, Zhu T, et al. Facile strategy for intrinsic low-k dielectric polymers: Molecular design based on secondary relaxation behavior [J]. Macromolecules, 2019, 52: 4601-4609.

[33] Liu Y, Qian C, Qu L, et al. A bulk dielectric polymer film with intrinsic ultralow dielectric constant and outstanding comprehensive properties [J]. Chemistry of Materials, 2015, 27: 6543-6549.

[34] Liu S, Feng Q, Li Y, et al. Simultaneously improving dielectric and mechanical properties of crown ether/fluorinated polyimide films with necklace-like supramolecular structure [J]. Macromolecular Chemistry and Physics, 2020, 221 (20): 2000256.

[35] Chen Z, Zhou Y, Wu Y, et al. Fluorinated polyimide with polyhedral oligomeric silsesquioxane aggregates: Toward low dielectric constant and high toughness [J]. Composites Science and Technology, 2019, 181: 107700.

[36] Zhao W, Chen H, Fan Y, et al. Effect of size and content of SiO_2 nanoparticle on corona resistance of silicon-boron composite oxide/SiO_2/epoxy composite [J]. Journal of Inorganic and Organometallic Polymers and Materials, 2020, 30: 4753-4763.

[37] Zhang P, Zhang K, Chen X, et al. Mechanical, dielectric and thermal properties of polyim ide films with sandwich structure [J]. Composite Structures, 2021, 261 (1): 113305.

[38] Guo Y, Lyu Z, Yang X, et al. Enhanced thermal conductivities and decreased thermal resistances of functionalized boron nitride/polyimide composites [J]. Composites Part B: Engineering, 2019, 164: 732-739.

[39] Yang H, He C, Russell T P, et al. Epoxy-polyhedral oligomeric silsesquioxanes (POSS) nanocomposite vitrimers with high strength, toughness, and efficient relaxation [J]. Giant, 2020, 4: 100035.

[40] Hao J, Wei Y, Mu J, et al. Ultra-low dielectric constant materials with hydrophobic prop erty derived from polyhedral oligomeric silsequioxane (POSS) and perfluoro-aromatics [J]. RSC Advances, 2016, 6: 87433-87439.

[41] Tang L, Zhang J, Tang Y, et al. Fluorine/adamantane modified cyanate resins with won derful interfacial bonding strength with PBO fibers [J]. Composites Part B: Engineering, 2020, 186: 107827.

第五章
双马来酰亚胺-三嗪树脂

5.1 ZIF-8/BT 纳米复合材料的固化机理和性能研究

双马来酰亚胺-三嗪（BT）树脂是由 CE 和 BMI 复合而形成的一类热固性树脂材料，具有高耐热性、高化学稳定性、良好的机械稳定性及低吸水率等特点[1]。近年来，BT 树脂成为电子通信、航空航天等领域的重要树脂[2-4]。然而，由于 BT 树脂具有固化温度高、不易加工成型、交联密度高、脆性大等缺点，因此在众多领域的应用受到限制。此外，传统 BT 树脂的介电性能并不能满足未来微电子行业的需求（$\varepsilon < 2.5$）。由此，降低固化温度以及介电常数，成为新一代 BT 树脂的改性方向。

Ciba 公司的 Shimp[5] 在 70 年代末期发现，过渡金属有机化合物/酚混合催化剂对 CE 的环三聚反应具有较高的催化活性，其反应特征是，在活泼氢助催化剂的参与下，形成金属-π 键中间体，从而加速 CE 的固化反应。但这种类型的催化剂也存在一些不容易克服的缺点，如使用量较大容易产生增塑作用，与 CE 发生副反应产生亚氨基碳酸酯，降低固化树脂的湿热稳定性等。因此，高选择性的 CE 固化催化剂是一个重要研究方向，其应当在 CE 单体中具有良好的溶解性并避免使用酚类助催化剂，以减少副反应的发生；同时，还需具有较高的催化活性，以满足工艺要求，特别是在较高温度（$>250^\circ\text{C}$）下，不会催化聚氰酸酯热分解反应。

为获得低介电材料，目前比较常用的方法是向树脂基体中引入 C—F 键和空气介质，以达到降低介电常数的目的[6-8]。金属有机骨架化合物（MOFs）是由含氮氧的多齿有机配体与无机金属中心通过配位键连接形成的一类具有三维结构的中空纳米材料，具有高比表面积、高孔隙率、低密度、优异化学稳定性等特点。研究者们现已合成了不同种类的 MOFs 纳米材料，广泛地应用于分子分离、多相催化、储气等领域[9-13]。由于 MOFs 的中空笼型结构可引入空气介质，因此其介电常数可降至 1.8[14]，这使得 MOFs 有望成为新一代低介电材料[15]。2010 年，Zagorodniy 等[16]首次报道，MOFs 可取代传统的二氧化硅（SiO$_2$），成为微电子行业中一种具有低介电常数的新型层间绝缘材料。

近年来，除了对本征低介电 MOFs 进行研究以外，研究者们开始致力于通过 MOFs 改性热固性树脂，以获得低介电纳米复合材料[17-19]。据报道，ZIF-8 是一种由咪唑环和 Zn^{2+}通过配位键连接形成的 MOFs 材料，具有低介电常数、低极性、高化学稳定性等特点[20-21]。Zn^{2+}与咪唑环中的活泼氢有望成为 CE 的高选择性催化剂[22]，这使得 ZIF-8 有望降低 BT 树脂的固化反应温度，同时利用其纳米孔隙还能有效改善树脂基体的介电性能。目前，还未有 ZIF-8 改性 BT 树脂的相关报道。因此，本章首次深入研究了 ZIF-8 对 BT 树脂固化机理以及性能的影响，以促进 BT 树脂作为新一代高性能低介电 PCB 基体树脂的应用。

5.1.1 BT 树脂的制备

以 DMF 溶剂，制备质量比为 1/3 的 BMI/BADCy 共混体系，记为 BT。经室温超声 10min，100℃下磁力搅拌 30min 后，将溶液倒入模具中，置于 100℃真空烘箱中抽真空 1h，即得到 BT 预聚体，记为 prepoly（BT）。

将模具经 120℃/2h＋140℃/2h＋160℃/2h＋180℃/2h＋200℃/2h＋220℃/2h 固化，再经 240℃/2h 后处理，获得固化 BT 树脂，记为 poly（BT）。

5.1.2 ZIF-8/BT 纳米复合材料的制备

采用回流法合成 ZIF-8，合成路线如图 5.1 所示。将二水乙酸锌（3.512g，16mmol）、2-甲基咪唑（5.248g，63.9 mmol）分别溶于 100 mL 无水甲醇中，超声 2min。然后将上述溶液混合，在温度为 40℃油浴锅中氮气保护下回流 10h。待其自然冷却后过滤，滤得的白色固体产物用无水甲醇洗涤 3 天，每天更换一次溶剂，以去除残留的反应物。最后，将白色产物在真空烘箱中以 70℃干燥 24h，得到 ZIF-8。

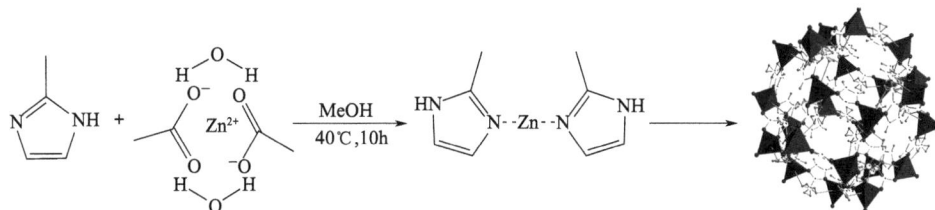

图 5.1　ZIF-8 的合成

以 DMF 为溶剂，分别制备 ZIF-8 的质量分数为 0.1%、0.5%、1.0% 的 ZIF-8/BT 共混体系。经室温超声 10min，100℃ 下磁力搅拌 30min 后，将溶液倒入模具中，置于 100℃ 真空烘箱中抽真空 1h，即得到 ZIF-8/BT 预聚体，依次记为 0.1ZIF-8/BT、0.5ZIF-8/BT、1.0ZIF-8/BT。

将模具经 120℃/2h + 140℃/2h+160℃/2h+180℃/2h 固化，再经 200℃/2h 后处理，获得固化的 ZIF-8/BT 纳米复合材料，记为 poly（0.1ZIF-8/BT）、poly（0.5ZIF-8/BT）、poly（1.0ZIF-8/BT）。

5.1.3 ZIF-8/BT 纳米复合材料的固化行为

采用 2-甲基咪唑（2-MI）与 ZIF-8 进行对比研究，DSC 测试结果如图 5.2 所示。图 5.2（a）显示 BADCy 单体和 BT 树脂的 DSC 曲线均为单峰，加入 1.0%（质量分数）2-甲基咪唑后，BADCy 和 BT 树脂的固化峰值温度分别从 320℃、295℃ 降至 275℃、260℃，而 2-MI/BMI 依然无明显放热峰，说明咪唑环主要催化 BADCy 的聚合反应，而对 BMI 无明显作用。图 5.2（b）中，加入 0.1%（质量分数，下同）的 ZIF-8 时，0.1ZIF-8/BT 的 DSC 曲线为单峰，但固化峰值温度由 295℃ 显著降低至 204.4℃；当 ZIF-8 加入量为 0.5% 时，0.5ZIF-8/BT 的 DSC 曲线出现双峰，且峰 1 的峰值温度进一步降低至 155.5℃。不难看出，相比于 2-甲基咪唑，ZIF-8 对 BT 树脂的固化具有更明显的催化效果，且影响了 BT 树脂的固化反应历程。

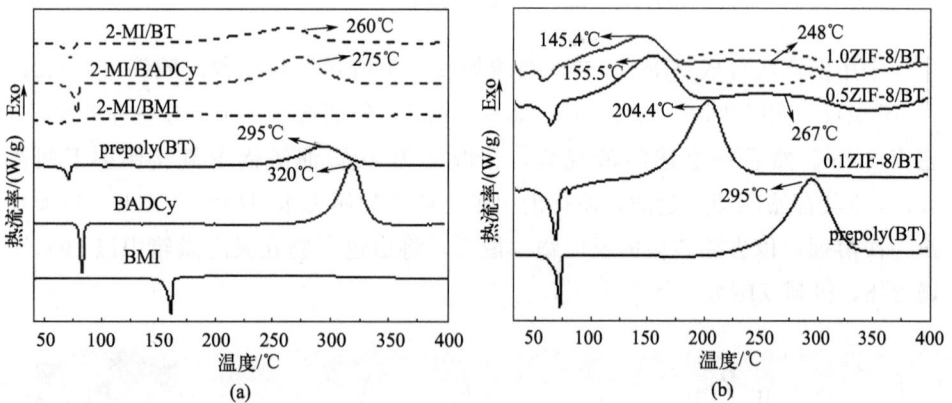

图 5.2 BADCy、BMI、2-MI/BADCy、2-MI/BMI、2-MI/BT 和 ZIF-8/BT 的 DSC 曲线

据文献报道[23]，BT 树脂的固化反应可能包含 BADCy 和 BMI 的共聚以及 BADCy、BMI 各自的自聚。为了探究 ZIF-8 的加入对 BT 树脂固化历程的影响，采用红外以及拉曼光谱跟踪了 BT 树脂以及 ZIF-8/BT 体系的固化反应

过程。在 BT 树脂中［图 5.3(a)］，随着温度的升高，160℃时 1570cm^{-1} 处无三嗪环的特征峰，直到温度升至 180℃后，1570cm^{-1} 处才出现—C＝N 特征峰，同时伴随着 BMI 在 692cm^{-1} 处不饱和碳氢键（＝C—H）特征峰的减弱，说明此时主要发生的是 BADCy 和 BMI 的共聚反应。经 220℃反应后，BMI 已反应完全（220℃残留的＝C—H 特征峰归属为芳香环），但—OCN 特征峰依然存在，因此最后发生剩余 BADCy 的自聚反应，其固化历程如图 5.4 所示。

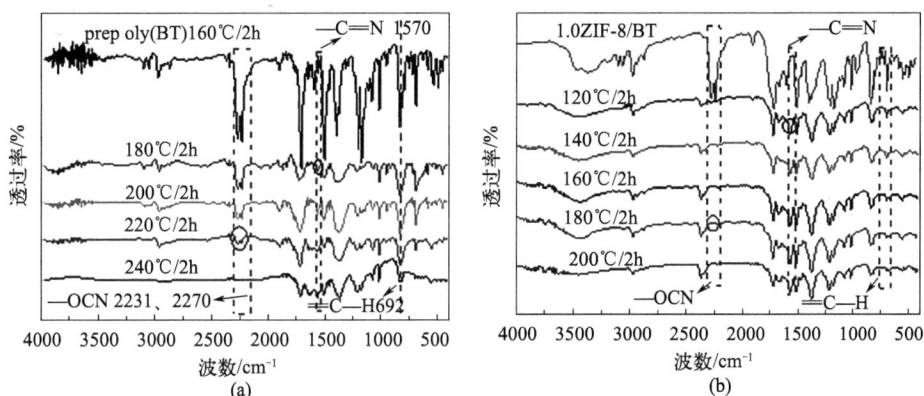

图 5.3　prepoly (BT) 和 1.0ZIF-8/BT 在不同温度下的 FTIR 光谱

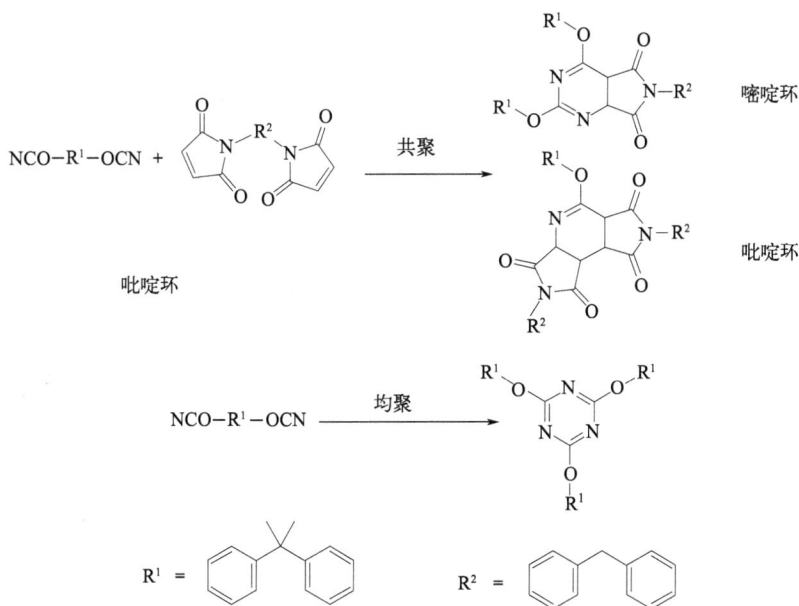

图 5.4　BT 树脂的固化历程

而在 ZIF-8/BT 体系中 [图 5.3(b)]，120℃反应后已出现—C≡N 特征峰，而此时 BMI 的特征峰均未变化。图 5.5 给出了 1.0ZIF-8/BT 纳米复合体系经不同温度固化后的拉曼光谱，从图中可以很明显地看到三嗪环的骨架特征峰出现在 988cm^{-1} 和 1100cm^{-1} 处[24]，证明—C≡N 位于三嗪环上，说明 ZIF-8/BT 体系中主要发生的是 BADCy 自聚生成三嗪环的反应。后经 180℃反应，—OCN 的特征峰已消失，表明 BADCy 已固化完全。因此，1.0ZIF-8/BT 的 DSC 曲线中峰 1 对应于 BADCy 的自聚反应，峰 2 对应于 BADCy 和 BMI 的共聚反应。

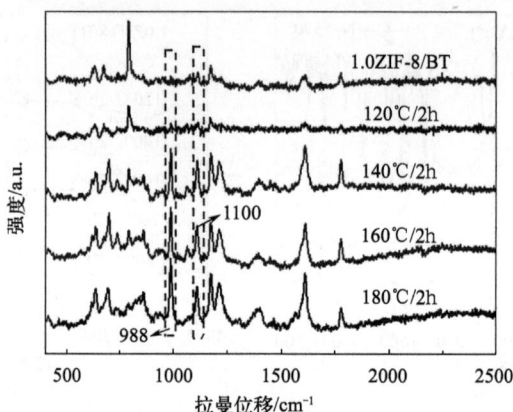

图 5.5　1.0ZIF-8/BT 在不同温度下的 Raman 光谱

DSC、FTIR 和 Raman 结果表明，ZIF-8 的加入不仅可有效降低 BT 树脂固化反应的活化能，明显加快反应速率，而且还可有效改变 BT 树脂体系的固化历程：ZIF-8 催化了 BT 树脂中 BADCy 的自聚反应，使得其比纯 BT 树脂更容易在低温下固化，且生成了更多三嗪环结构。

初步推断其固化机理如下（图 5.6）：首先，ZIF-8 的 Zn^{2+} 与—OCN 上 N 原子的孤对电子形成络合物，使得 BADCy 单体聚集在 ZIF-8 周围。随后，ZIF-8 中咪唑环上的活性 H 攻击—OCN 上的 N 原子生成亚氨基。亚氨基仍具有反应活性，能进一步与—OCN 反应生成三嗪环，从而加速 BADCy 的自聚反应。

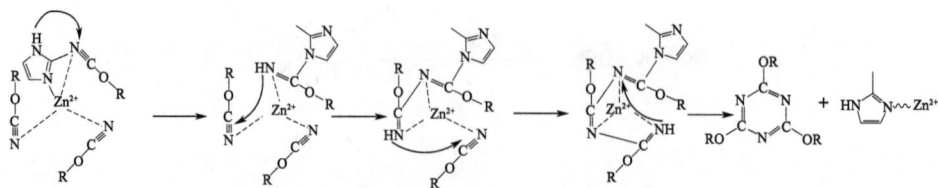

图 5.6　Zn^{2+} 和咪唑对 BADCy 的协同催化机理

5.1.4 ZIF-8/BT 纳米复合材料的动态热力学性能

采用 DMA 对 ZIF-8/BT 纳米复合材料进行了力学性能研究（图 5.7），并利用式（5.1）对共混体系的交联密度进行了计算（表 5.1）[25-26]。

$$E = 3\varphi\rho RT \tag{5.1}$$

式中：φ 为前置因子，取值为 1；T 为热力学温度，K；R 为气体常数；ρ 为交联密度，mol/m^3；E 为 T_g 以上 40℃的储能模量，MPa。应当注意的是，这个公式一般通用于存在橡胶平台的聚合物网络[27]，但它只严格适用于轻度交联的材料，因此只能用于定性比较这些树脂的交联程度。同时，为了保证每个样本都处于橡胶平台，这里计算的 ρ 值对应于 T_g 以上 40℃[28]。

研究结果表明，加入 ZIF-8 后，复合材料的初始储能模量（E'）增大。poly(0.1ZIF-8/BT) 的 E' 增加至 6369MPa，这主要是因为交联体系中生成了更多刚性的三嗪环。但随着 ZIF-8 加入量的增多，ZIF-8 的位阻效应增大，因此表 5.1 中体系交联密度逐渐降低，使得初始模量降低且高温下的模量保持性能变差。最终，纳米复合体系中交联密度的下降和更多三嗪环的生成使得 T_g 先减小后增加。

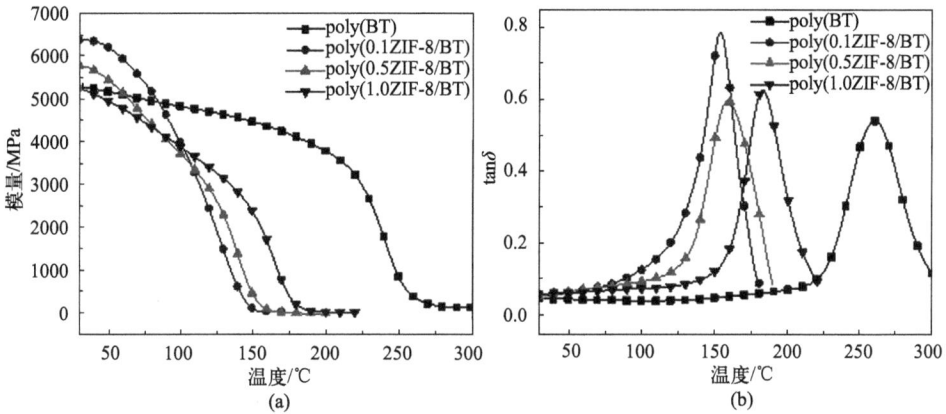

图 5.7 BT 树脂和 ZIF-8/BT 纳米复合材料的 DMA 图谱

表 5.1 BT 树脂和 ZIF-8/BT 纳米复合材料的 DMA 数据

样品	E'(40℃)/MPa	T_g/℃	E'(T_g+40℃)/MPa	ρ/(mol/m³)
poly(BT)	5272	258	155.0	1.09×10^{-2}
poly(0.1ZIF-8/BT)	6369	154	94.3	8.9×10^{-3}
poly(0.5ZIF-8/BT)	5780	169	90.1	7.5×10^{-3}
poly(1.0ZIF-8/BT)	5183	182	36.3	2.94×10^{-3}

5.1.5 ZIF-8/BT 纳米复合材料的介电性能

图 5.8 为 BT 树脂和 ZIF-8/BT 纳米复合材料的介电性能。采用德拜方程 [式(5.2)] 分析了纳米复合材料的介电性能[29-30]。

$$\frac{k-1}{k+2} = \frac{4\pi}{3}N\left(a_e + a_d + \frac{u^2}{3K_bT}\right) \tag{5.2}$$

式中，k 为介电常数；N 为偶极子数密度；a_e 为电极化；a_d 为畸变极化；u 为与偶极矩相关的取向极化；K_b 为玻尔兹曼常数；T 为温度。根据上述公式可知，介电常数与用于构建聚合物的化学键的极性、化学键的几何形状和迁移性以及聚合物链的聚集性有关。要想获得介电性能优良的聚合物，可以通过改变化学键的流动性、极性和链段的聚集性来实现。

由表 5.2 可知，随着 ZIF-8 的增加，复合材料的介电常数（D_k）呈下降趋势，当加入量为 1.0% 时，复合材料在 1MHz 时的 D_k 从 3.33 降至 2.62。造成上述现象的原因如下：①ZIF-8 形成的中空十二面体形貌，在复合材料中引入了纳米孔隙，降低了极化密度。②ZIF-8 的引入促进了三嗪环结构的形成，高度对称结构有效抑制了偶极子的运动，使极化率降低。③ZIF-8 的位阻使得体系交联密度下降，自由体积增大，降低了极化密度。因此，ZIF-8 的加入可有效降低 BT 树脂的介电常数。然而，由于 ZIF-8 内部的 Zn^{2+} 存在局部电子极化和电磁损耗，故随着 ZIF-8 的继续增加，ZIF-8/BT 复合材料的介电损耗不断增加。

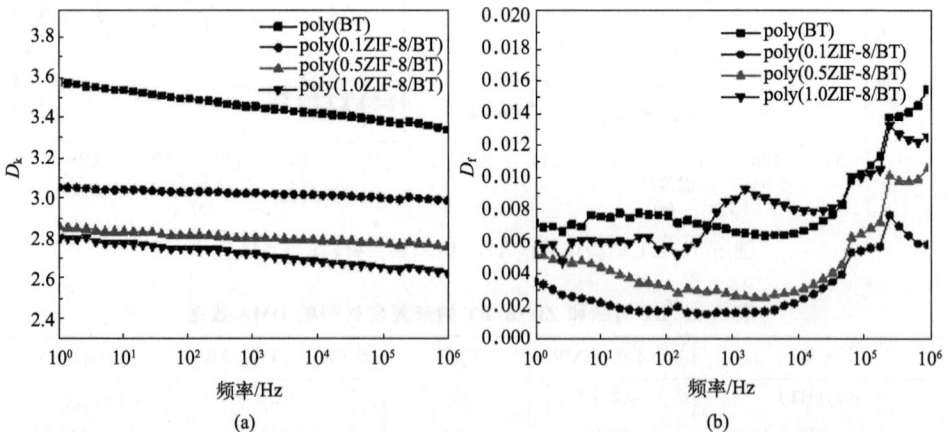

图 5.8 BT 树脂和 ZIF-8/BT 纳米复合材料在不同频率下的介电常数（a）和介电损耗（b）

表 5.2　BT 树脂和 ZIF-8/BT 纳米复合材料的孔隙率、介电常数和介电损耗数据

样品	孔隙率/%	D_k(1MHz)	D_f(1MHz)
poly(BT)	0	3.33	0.016
poly(0.1ZIF-8/BT)	0.0013	2.98	0.006
poly(0.5ZIF-8/BT)	0.0061	2.76	0.011
poly(1.0ZIF-8/BT)	0.012	2.62	0.013

目前，关于解释多孔材料的介电常数主要提出了两种介电理论模型，其分别为并联模型［式(5.3)］和串联模型［式(5.4)］[29,31]。

$$\varepsilon^{\delta} = \varepsilon_1^{\delta} + \varepsilon_2^{\delta}(1-p)$$

$$\delta = 1, 并联模型 \tag{5.3}$$

$$\delta = -1, 串联模型 \tag{5.4}$$

式中，ε 为纳米复合材料的总介电常数；ε_1 为空气介质的介电常数，其值为 1；ε_2 是树脂基体的介电常数；p 为孔隙率。

从表 5.2 中可以看出，随着 ZIF-8 的增加，纳米复合材料的孔隙率不断增加，而 ZIF-8/BT 纳米复合材料的介电常数同时降低。由于 ZIF-8 促进了 BT 树脂中三嗪环的形成，介电常数的实际值远低于理论值，如图 5.9 所示。因此，与传统的复合材料相比，ZIF-8 不仅引入了纳米孔隙，而且还能通过 ZIF-8 改变 BT 树脂的化学交联结构，从而制备具有低介电常数的纳米复合材料，这为合成具有低介电特性的新一代 BT 树脂提供了新途径。

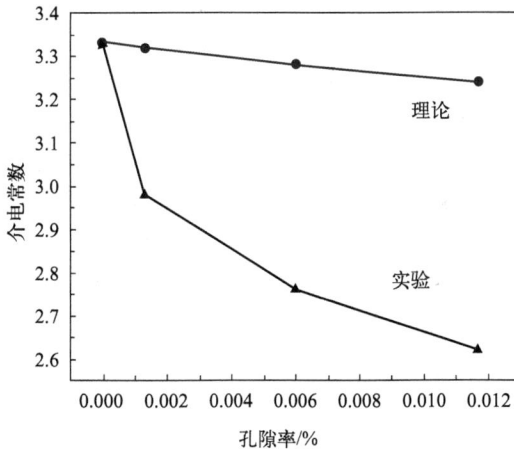

图 5.9　孔隙率和介电常数之间的关系曲线

5.1.6 ZIF-8/BT 纳米复合材料的断裂形貌

图 5.10 中，poly（1.0ZIF-8/BT）中 Zn 元素的分布图像表明，ZIF-8 在 BT 树脂中有很好的分散性。图 5.11 为 ZIF-8/BT 纳米复合材料断面的 SEM 图像。与 BT 树脂相比，加入 0.1% ZIF-8 后，poly（0.1ZIF-8/BT）断口出现了不同尺寸的韧窝，是典型的延性失效。这是由于 ZIF-8 催化 BT 树脂固化反应形成了较强的界面相互作用。随着 ZIF-8 的增加，由于 ZIF-8 刚性纳米粒子的存在，阻碍了裂纹的发展，使其发生裂纹偏转，导致韧性下降。因此，加入适量的 ZIF-8 刚性纳米粒子可以改善 BT 纳米复合材料的韧性。

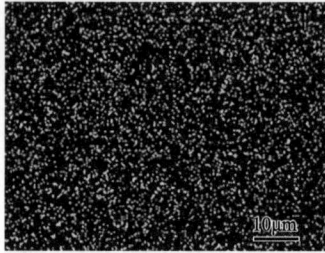

图 5.10 poly（1.0ZIF-8/BT）中 Zn 元素的分布图

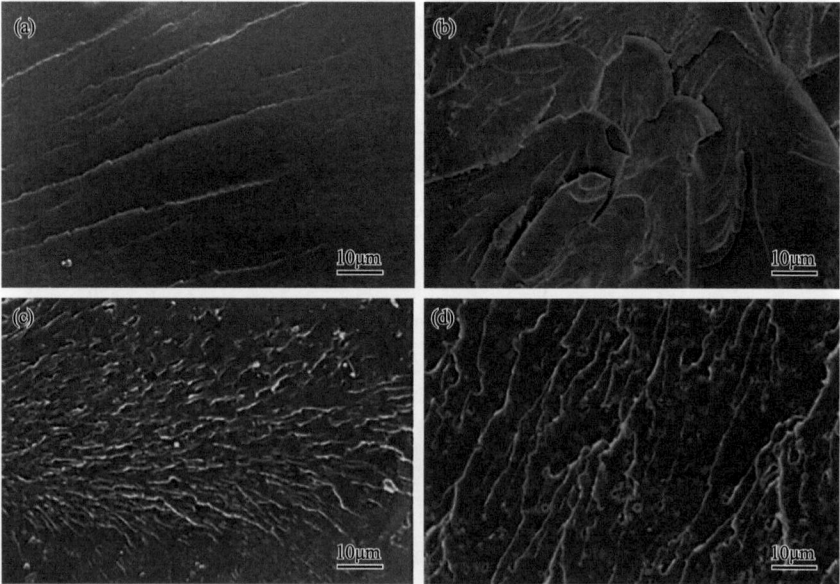

图 5.11 BT 树脂和 ZIF-8/BT 纳米复合材料的 SEM 图像
(a) poly（BT）；(b) poly（0.1ZIF-8/BT）；(c) poly（0.5ZIF-8/BT）；(d) poly（1.0ZIF-8/BT）

5.1.7 ZIF-8/BT 纳米复合材料的热稳定性

ZIF-8/BT 纳米复合材料的 TGA 曲线如图 5.12 所示。结果如表 5.3 所示。当 ZIF-8 的添加量达到 1.0 时，poly（1.0ZIF-8/BT）的 T_{d5} 和 T_{d10} 分别从 389.3℃、399.1℃ 降至 268.5℃、392.3℃。这是由纳米复合材料的交联密度降低所致。同时，ZIF-8 在高温下逐渐分解也是纳米复合材料热稳定性恶化的原因之一。但 ZIF-8/BT 纳米复合材料的 T_{d5} 均大于 250℃，表明其仍具有良好的热稳定性。

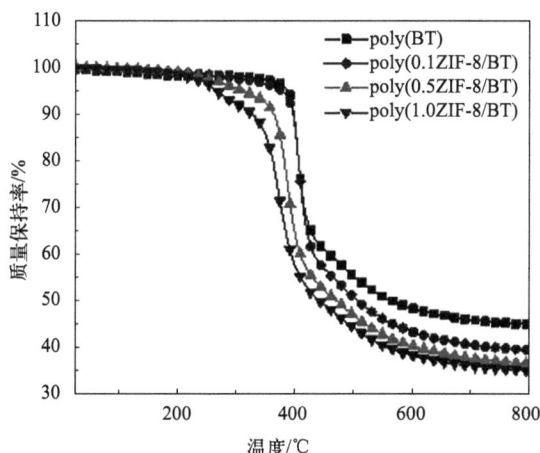

图 5.12 BT 树脂和 ZIF-8/BT 纳米复合材料的 TGA 曲线

表 5.3 BT 树脂和 ZIF-8/BT 纳米复合材料的 TGA 数据

样品	T_{d5}/℃	T_{d10}/℃	残碳率/%
poly(BT)	389.3	399.1	45.45
poly(0.1ZIF-8/BT)	379.4	398.8	39.96
poly(0.5ZIF-8/BT)	315.5	365.5	37.15
poly(1.0ZIF-8/BT)	268.5	329.3	35.51

5.1.8 ZIF-8/BT 纳米复合材料的耐湿性

图 5.13 清晰地显示了 BT 树脂和 ZIF-8/BT 纳米复合材料的耐湿性测试，具体结果见表 5.4。研究结果发现，与 BT 树脂相比，随着 ZIF-8 纳米材料的增加，接触角呈现先增大后减小的趋势，当 ZIF-8 的含量为 0.5% 时，接触角达最大值，其值约为 88.8°。这是因为 ZIF-8 中的咪唑环和 BT 树脂中的三嗪环极性

较低，不易吸水。吸水率实验与接触角表现出相同的趋势。然而随着添加量进一步增多，纳米复合材料中的孔隙变得更多，比表面积增大，因此接触角逐渐减小，吸水率逐渐增加。总的来讲，ZIF-8 的加入可有效改善 BT 树脂的耐湿性。

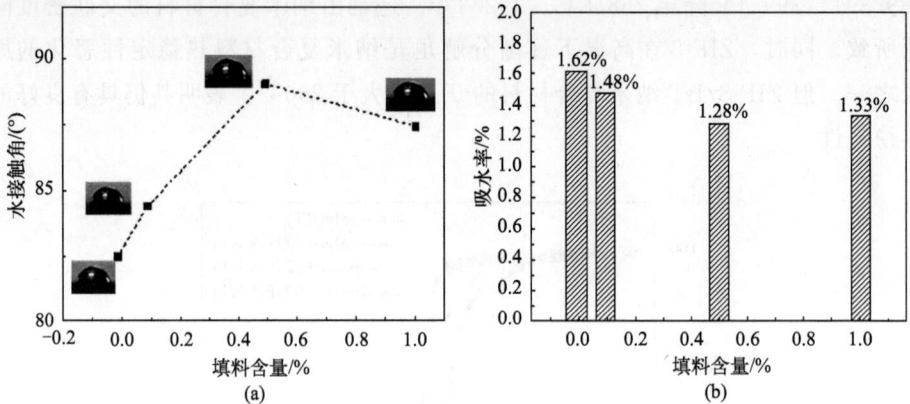

图 5.13　BT 树脂和 ZIF-8/BT 纳米复合材料的接触角（a）和室温下放置 120h 后的吸水率（b）

表 5.4　BT 树脂和 ZIF-8/BT 纳米复合材料的接触角和在室温下

放置 120h 后的吸水率数据

样品	接触角/(°)	吸水率/%
poly(BT)	82.4	1.62
poly(0.1ZIF-8/BT)	84.3	1.48
poly(0.5ZIF-8/BT)	88.8	1.28
poly(1.0ZIF-8/BT)	87.3	1.33

5.2　NH_2-MIL-125/BT 纳米复合材料的固化机理和性能研究

　　BT 树脂体系在固化过程中存在 BADCy 和 BMI 的共聚、BADCy 的自聚。在上一节中，利用 ZIF-8 催化 BADCy 的聚合反应，使 BT 树脂体系的固化反应历程发生了改变，实现了对 BT 树脂化学交联结构的控制，使得纳米复合体系的介电性能明显提升。为了进一步探究 MOFs 对 BMI 固化反应的影响，本章将构建 MOFs 与 BMI 之间的化学反应，试图改变 BMI 的交联位点，从而影响 BT 树脂体系的化学交联结构，探讨 BT 体系的交联结构与性能之间的关系。据相关研究表明，氨基易与 BMI 发生 Michael 加成反应[32]。因此，本章采用氨基功能化的 MOFs 对 BT 树脂进行改性研究。

在众多 MOFs 纳米多孔材料中，氨基功能化的钛基 MOFs（NH$_2$-MIL-125）是一种由 2-氨基对苯二甲酸和钛氧簇化合物通过化学配位而成的 MOFs 材料（图 5.14），具有高催化活性、高孔隙率和高化学稳定性等特点[33]。近年来，其已成为吸附分离、催化等研究领域较热门的材料[34-35]。另外，据相关报道，金属钛能有效催化 CE 的固化反应[36]。因此，选择 NH$_2$-MIL-125 用于改性 BT 树脂，不仅能利用氨基（—NH$_2$）和金属钛（Ti）协同催化 CE 的固化反应，还能通过氨基（—NH$_2$）与 BMI 之间的 Michael 反应，改善 BT 树脂体系的化学交联结构，有效提升纳米复合体系的性能。

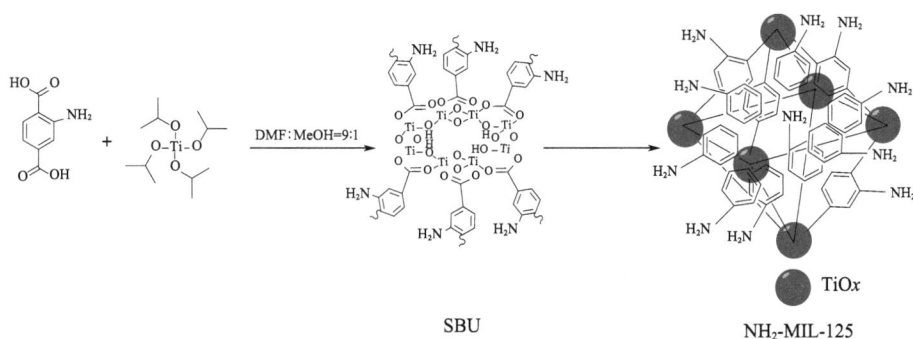

图 5.14　NH$_2$-MIL-125 的合成

本章以氨基功能化的 Ti-MOFs（NH$_2$-MIL-125）、BADCy、BMI 为原料，首次制备了 NH$_2$-MIL-125/BT 纳米复合材料，并进一步研究了 NH$_2$-MIL-125/BT 纳米复合材料的固化机理和性能之间的关系。

5.2.1　预聚体、固化树脂及 NH$_2$-MIL-125/BT 纳米复合材料的制备

以 DMF 为溶剂，分别制备 NH$_2$-MIL-125 的质量分数为 0.1%、0.3%、0.8% 的 NH$_2$-MIL-125/BT 共混体系。经室温超声 10min，140℃下磁力搅拌 30min 后，将溶液倒入模具中，置于 140℃ 真空烘箱中抽真空 1h，即得 NH$_2$-MIL-125/BT 预聚体，依次记为 0.1NH$_2$-MIL/BT、0.3NH$_2$-MIL/BT、0.8NH$_2$-MIL/BT。另外，利用 NH$_2$-MIL-125 和 MIL-125，采用同样的方法制备了添加量为 0.8%（质量分数）的 NH$_2$-MIL-125、MIL-125 与 BMI、BADCy、BT 的预聚体，依次记为 0.8NH$_2$-MIL/BMI、0.8NH$_2$-MIL/BADCy、0.8MIL/BMI、0.8MIL/BT。

将模具经 160℃/2h＋180℃/2h＋200℃/2h＋220℃/2h 固化，再经 240℃/

2h 后处理，获得固化的 NH_2-MIL-125/BT 纳米复合材料，记为 poly（0.1NH_2-MIL/BT）、poly（0.3NH_2-MIL/BT）、poly（0.8NH_2-MIL/BT）。

5.2.2 NH_2-MIL-125/BT 纳米复合材料的固化行为

采用 DSC 研究了 MIL-125 和 NH_2-MIL-125 分别对 BADCy、BMI、BT 树脂的固化反应的影响。在图 5.15（a）中，NH_2-MIL-125 的加入使 BADCy 的固化峰值温度由 320℃ 降至 260℃，说明 NH_2-MIL-125 对 BADCy 具有明显的催化作用。相比于 BMI、0.8MIL/BMI，0.8NH_2-MIL/BMI 在 233℃ 出现了固化放热峰，表明 NH_2-MIL-125 中的—NH_2 与 BMI 发生了 Michael 加成反应。将不同添加量的 NH_2-MIL-125/BT 进行了 DSC 测试［图 5.15(b)］。研究发现，BT 树脂的固化峰值温度为 295℃。随着 NH_2-MIL-125 的加入，纳米复合材料的固化温度明显降低。当 NH_2-MIL-125 的添加量为 0.8% 时，0.8NH_2-MIL/BT 的固化峰值温度为 229℃，相比于 BT 树脂降低了约 66℃。此外，与 0.8MIL/BT 相比，0.8NH_2-MIL/BT 的热熔明显增大，也证明 NH_2-MIL-125 的氨基（—NH_2）与 BMI 的—C≡C 双键发生了 Michael 加成反应。

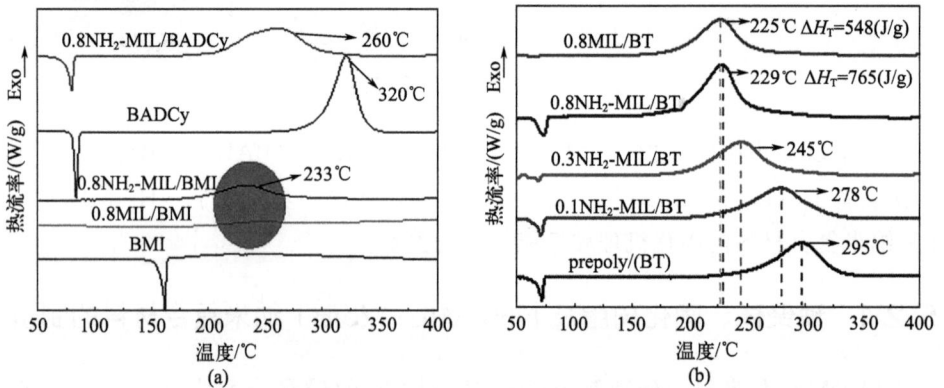

图 5.15　0.8NH_2-MIL/BADCy、0.8MIL/BMI、0.8NH_2-MIL/BMI 和
0.8MIL/BT、NH_2-MIL/BT 的 DSC 曲线
(a) 0.8NH_2-MIL/BADCy、0.8MIL/BMI、0.8NH_2-MIL/BMI；
(b) 0.8MIL/BT、0.8NH_2-MIL/BT、0.3NH_2-MIL/BT、0.1NH_2-MIL/BT

为了探究 NH_2-MIL-125 对 BT 树脂固化反应的影响，采用红外光谱跟踪了 NH_2-MIL-125/BT 树脂纳米复合材料的固化反应过程。与 BT 树脂相比，在 NH_2-MIL-125/BT 纳米复合体系中（图 5.16），160℃ 固化 2h 后，NH_2-MIL-125/BT 纳米复合材料在 1570cm^{-1} 处逐渐出现三嗪环的—C≡N 特征峰。2231cm^{-1} 和 2270cm^{-1} 处的—OCN 在 200℃ 后基本消失，说明 NH_2-MIL-125

能有效加速 BADCy 的固化反应，从而显著降低 BT 树脂体系的固化温度。此外，0.8NH₂-MIL/BT 在 3400cm⁻¹ 处出现—NH₂ 特征峰，说明过量加入 NH₂-MIL-125 会致使—NH₂ 反应不完全，这在一定程度上会影响纳米复合材料的性能。FTIR、DSC 分析表明，NH₂-MIL-125 与 BMI 之间的 Michael 加成反应，能有效减少 BMI 与 BADCy 共聚，同时催化 BADCy 在较低温度下生成更多的三嗪环，改变了纯 BT 树脂的交联结构。

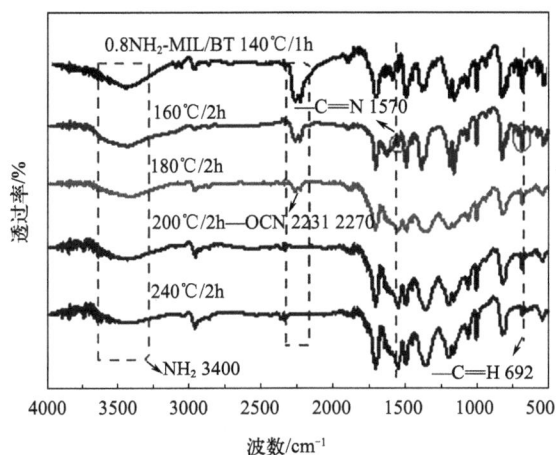

图 5.16   0.8NH₂-MIL/BT 在不同温度下的 FTIR 光谱

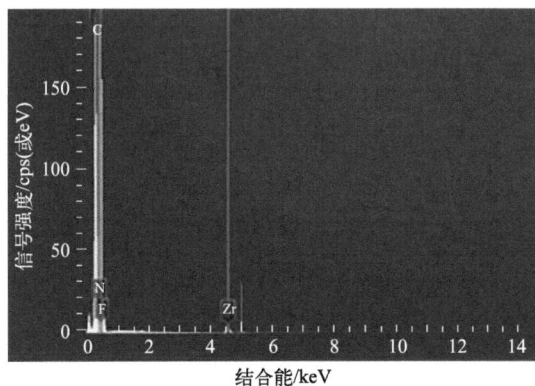

图 5.17   NH₂-MIL-125 元素能谱图谱

结合 EDS 分析（图 5.17），NH₂-MIL-125/BT 纳米复合材料的固化机理为：NH₂-MIL-125 中的 Ti^{4+} 可以通过电子效应聚集 BADCy 单体；同时，NH₂-MIL-125 中—NH₂ 上的活泼 H 进攻—OCN 中的 N 原子，有效促进 BADCy 二聚体的形成，从而催化 BADCy 的自聚反应。另外，NH₂-MIL-125 中的—NH₂ 与

BMI 中的—C ═C 双键之间还存在 Michael 加成反应，有效地减少了 BMI 与 BADCy 的共聚，促使 NH$_2$-MIL-125/BT 纳米复合体系形成更多的三嗪环。NH$_2$-MIL-125 对 BT 树脂的催化机理如图 5.18 所示。

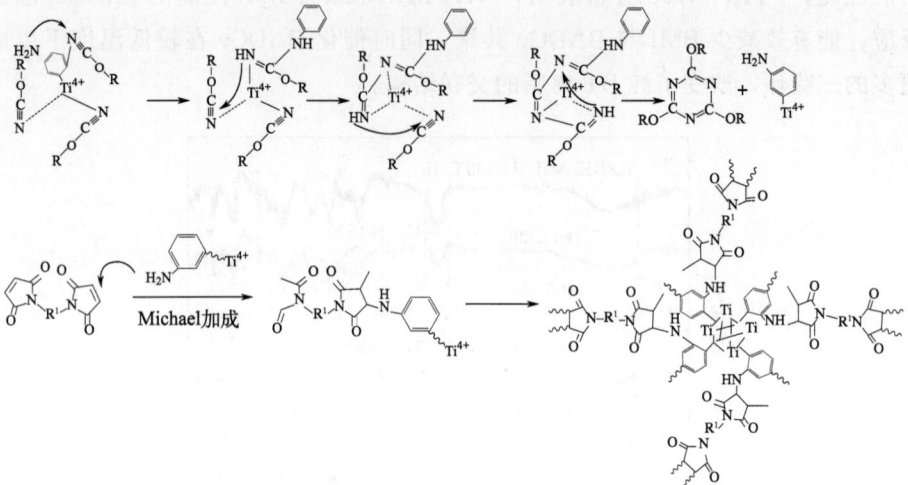

图 5.18　NH$_2$-MIL-125 对 BT 树脂的催化机理

5.2.3　NH$_2$-MIL -125/BT 纳米复合材料的动态热机械性能

将 BT 树脂和 NH$_2$-MIL-125/BT 纳米复合材料浇铸固化成型后进行 DMA 测试（图 5.19），并利用式（5.1）对共混体系的交联密度进行了计算（表 5.5）[25-26]。

研究结果表明，BT 树脂具有较高的初始储能模量（MPa），其值约为 5272MPa。与 BT 树脂相比，NH$_2$-MIL-125/BT 纳米复合材料的初始储能模量呈现先升高后减小的趋势。poly(0.1NH$_2$-MIL/BT) 有最大的初始模量，其值为 6640MPa，这归因于 NH$_2$-MIL-125 的加入促进了三嗪环结构的形成，使得纳米复合材料的刚性增强，因此初始模量增加。然而，NH$_2$-MIL-125 含量的进一步增加，致使纳米复合的空间位阻效应增加，导致交联密度下降，复合材料的储能模量和 T_g 降低。另外，通过高斯方程对 poly(0.3NH$_2$-MIL/BT) 进行拟合发现，纳米复合材料中存在两个 T_g，其值分别为 221℃ 和 238℃；同时，纳米复合材料的交联密度有所增加。这是因为 NH$_2$-MIL-125/BT 纳米复合材料中除了 BADCy 和 BMI 的共聚反应、BADCy 的自聚反应外，还存在 NH$_2$-MIL-125 中的—NH$_2$ 和 BMI 中的—C ═C 之间的 Michael 加成反应。然而，随着 NH$_2$-MIL-125 的大量加入，体系中只有部分 NH$_2$-MIL-125 参与 Michael 加成反应（见图 5.18），Ti-MOFs 最终使得纳米复合材料的空间位阻效应增加，因此，交联密度减小，T_g 减小。

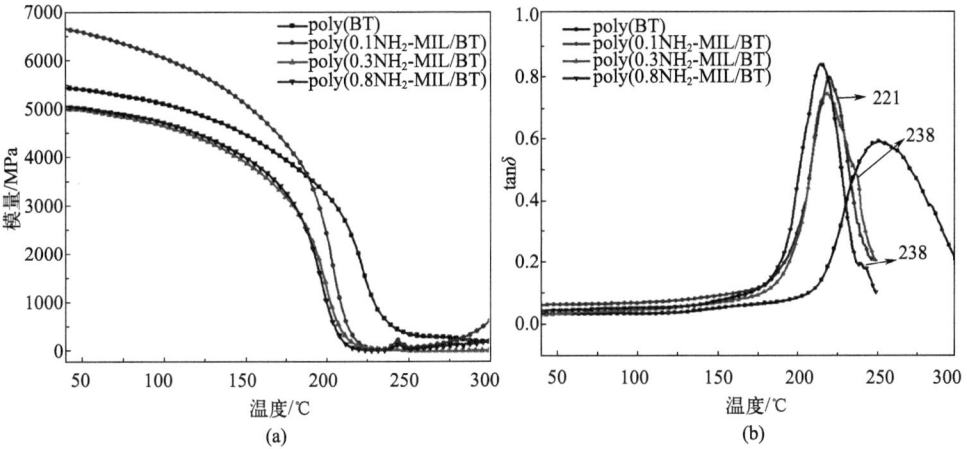

图 5.19　BT 树脂和 NH₂-MIL-125/BT 纳米复合材料的 DMA 图

表 5.5　BT 树脂和 NH$_2$-MIL-125/BT 纳米复合材料的 DMA 数据

样品	$E'(40℃)$/MPa	T_g/℃	$E'(T_g+40℃)$/MPa	ρ/(mol/m³)
poly(BT)	5272	258	155.0	$1.09×10^{-2}$
poly(0.1NH₂-MIL/BT)	6640	225	31	$2.3×10^{-3}$
poly(0.3NH₂-MIL/BT)	4940	221,238	71	$5.3×10^{-3}$
poly(0.8NH₂-MIL/BT)	5040	216,240	33	$2.5×10^{-3}$

5.2.4　NH₂-MIL-125/BT 纳米复合材料的介电性能

图 5.20 为 BT 树脂和 NH$_2$-MIL-125/BT 纳米复合材料的介电常数和介电损耗，数据见表 5.6。采用德拜方程 [式(5.2)] 对纳米复合体系的介电性能进行了分析[29-30]。

结果表明，与 BT 树脂体系相比，随着 NH$_2$-MIL-125 含量的增加，纳米复合材料的介电常数先减小后增加。在频率为 1MHz 时，poly（0.3NH$_2$-MIL/BT）的 D_k 和 D_f 分别为 2.40、0.009。NH$_2$-MIL-125/BT 纳米复合材料介电常数降低的原因在于：①NH$_2$-MIL-125 的规整八面体结构，有效地引入了空气介质；②结合德拜方程分析，NH$_2$-MIL-125 的引入促进了三嗪环结构的形成，高度对称结构有效抑制了偶极子的运动，降低了体系的极化率；③NH$_2$-MIL-125 与 BMI 之间的 Michael 加成反应增强了界面相互作用，使界面电荷积聚效应减弱、界面极化效应降低；④NH$_2$-MIL-125 的空间位阻降低了纳米复合材料的交联密度，增加了自由体积，使极化密度下降。然而，过多 NH$_2$-MIL-125 的引入使得—NH$_2$ 不能被完全消耗，使体系极化率增加，因此，纳米复合材料的介电常数随着 NH$_2$-MIL-125 含量的进一步增加而增大。另外，NH$_2$-MIL-125 中 Ti^{4+} 的半径较小，高含量的 Ti^{4+} 可以引起较大的离子位移，使树脂体系的偶极极化效应增大，并且 Ti^{4+} 还能与 BT 树脂过渡边界面附近形成氧空位，使得中间区域的载流子增多，从而导致树脂体系中存在较大的局域空间电荷极化。所以，高添加量的 NH$_2$-MIL-125 使纳米复合材料的介电损耗增大。

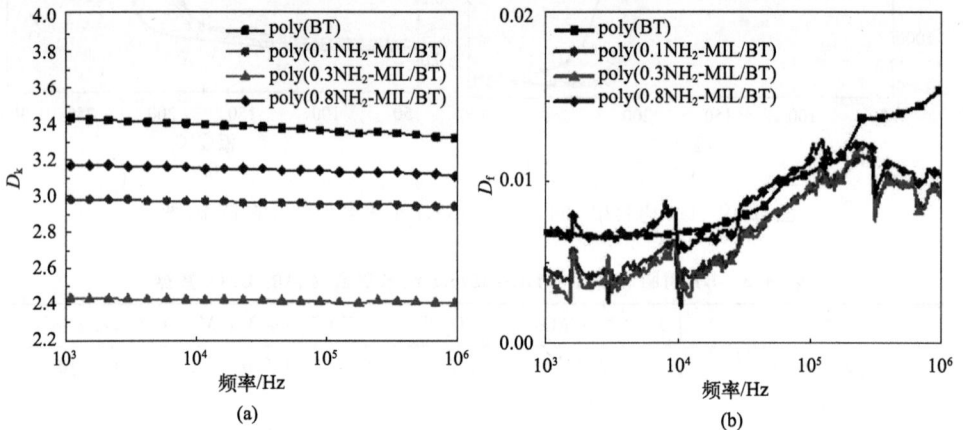

图 5.20　BT 树脂和 NH$_2$-MIL-125/BT 纳米复合材料在不同
频率下的介电常数（a）和介电损耗曲线（b）

表 5.6　BT 树脂和 NH$_2$-MIL-125/BT 纳米复合材料在 1MHz 时的
介电常数和介电损耗数据

样品	D_k(1MHz)	D_f(1MHz)
poly(BT)	3.33	0.016
poly(0.1NH$_2$-MIL/BT)	2.96	0.009
poly(0.3NH$_2$-MIL/BT)	2.40	0.009
poly(0.8NH$_2$-MIL/BT)	3.13	0.010

5.2.5　NH$_2$-MIL-125/BT 纳米复合材料的断裂形貌

将 BT 树脂和 NH$_2$-MIL-125/BT 纳米复合材料用液氮淬断后，对其断面进行了 SEM 和 EDS 测试。图 5.21 清晰地显示了 poly(NH$_2$-MIL/BT) 中 Ti 元素的 EDS 图像。结果表明，NH$_2$-MIL-125 在 BT 树脂中的分散性良好。图 5.22

为 BT 树脂和 NH_2-MIL-125/BT 纳米复合材料的 SEM 图像。BT 树脂的断面光滑，裂纹方向单一，其为典型的脆性断裂。与 BT 树脂相比，NH_2-MIL-125 的引入增强了 BT 树脂的韧性。poly($0.1NH_2$-MIL/BT) 中出现韧窝，是典型的韧性断裂，这是由于 NH_2-MIL-125 与双马来酰亚胺树脂（BMI）之间发生 Michael 加成反应，增强了 BT 树脂体系的界面相互作用。随着纳米填料含量的增加，NH_2-MIL-125 的刚性粒子改变了树脂基体的交联方向，使裂纹发生偏转，当 NH_2-MIL-125 的加入量分别为 0.3%、0.8% 时，纳米复合材料的断裂面分别转变为微观裂纹和宏观裂纹，韧性下降。因此，只有适量添加才能获得韧性优良的 NH_2-MIL-125/BT 纳米复合材料。

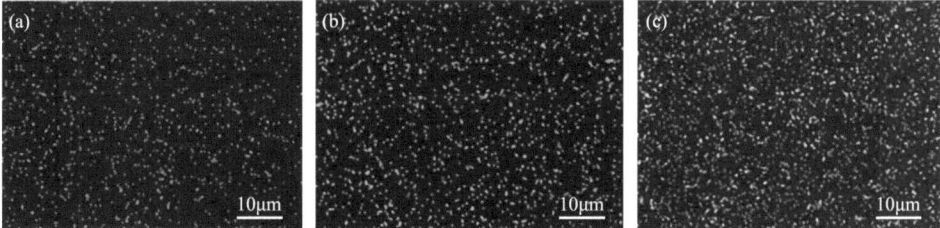

图 5.21　NH_2-MIL-125/BT 纳米复合材料中 Ti 元素分布图像

(a) poly($0.1NH_2$-MIL/BT)；(b) poly($0.3NH_2$-MIL/BT)；(c) poly($0.8NH_2$-MIL/BT)

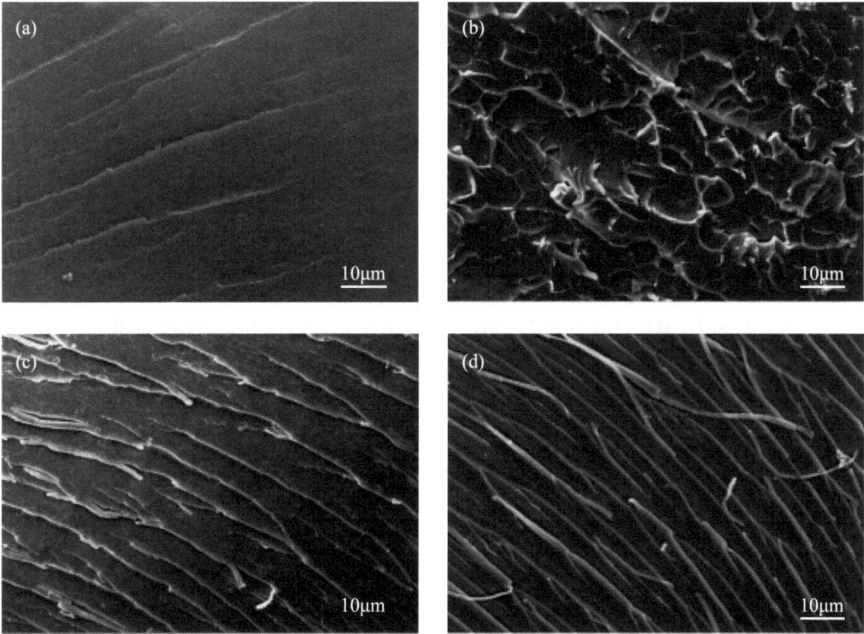

图 5.22　BT 树脂和 NH_2-MIL-125/BT 纳米复合材料的 SEM

(a) poly(BT)；(b) poly($0.1NH_2$-MIL/BT)；(c) poly($0.3NH_2$-MIL/BT)；(d) poly($0.8NH_2$-MIL/BT)

5.2.6 NH₂-MIL-125/BT 纳米复合材料的热稳定性

图 5.23 为氮气条件下 BT 树脂和 NH_2-MIL-125/BT 纳米复合材料的 TGA 曲线，数据如表 5.7 所示。所有曲线呈现出相同的变化趋势，T_{d5} 和 T_{d10} 无明显差异。当 NH_2-MIL-125 的添加量为 0.1% 时，poly(0.1NH₂-MIL/BT) 的 T_{d5} 和 T_{d10} 分别为 377.5℃，390.3℃，残碳率为 40.70%，低于 BT 树脂（T_{d5}=389.3℃、T_{d10}=399.1℃，残碳率为 45.45%）。其原因在于 NH_2-MIL-125 的刚性结构阻碍了 BADCy 和 BMI 链段的运动，降低了体系的交联密度。然而，NH_2-MIL-125 有效促进了 BT 树脂体系中三嗪环的形成；同时，NH_2-MIL-125 本身具有优异的化学稳定性、抗腐蚀性。因此，随着 NH_2-MIL-125 添加量的增加，纳米复合体系的 T_{d5} 和 T_{d10} 升高。相较于 BT 树脂，纳米复合材料依然能保持较好的热稳定性。

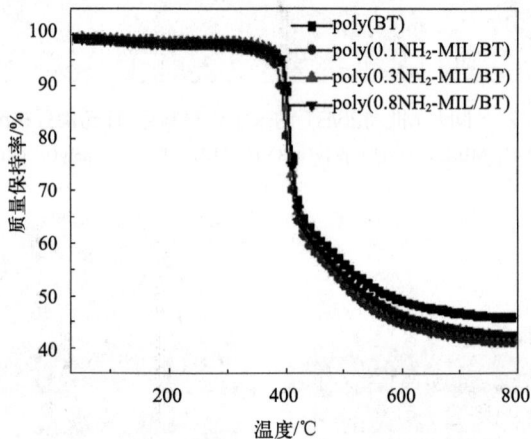

图 5.23　BT 树脂和 NH₂-MIL-125/BT 纳米复合材料的 TGA 曲线

表 5.7　BT 树脂和 NH₂-MIL-125/BT 纳米复合材料的 TGA 数据

样品	T_{d5}/℃	T_{d10}/℃	800℃残碳率/%
poly(BT)	389.3	399.1	45.45
poly(0.1NH₂-MIL/BT)	377.5	390.3	40.70
poly(0.3NH₂-MIL/BT)	390.3	396.5	41.67
poly(0.8NH₂-MIL/BT)	392.3	400	42.20

5.2.7 NH₂-MIL-125/BT 纳米复合材料的耐湿性

对固化后的样品分别进行了接触角和吸水率测试（图 5.24 和表 5.8）。图

5.24（a）为 BT 树脂和纳米复合材料的接触角。实验结果表明，poly(BT) 的接触角约为 82.4°。相比于 BT 树脂，NH_2-MIL-125/BT 纳米复合材料的接触角先增大后减小，poly($0.1NH_2$-MILBT) 纳米复合材料的接触角为 99°，此时表现为疏水性。这是因为树脂体系中生成了更多低极性的三嗪环结构，使得水分子不易浸润。然而，随着 NH_2-MIL-125 含量的进一步增加，NH_2-MIL-125 中的—NH_2 不能被完全消耗，水分子与—NH_2 之间的氢键作用增强；同时，裂纹、高孔隙、高自由体积为水分子提供了足够多的通道和活动空间。因此，NH_2-MIL-125 的增多反而使纳米复合材料的接触角减小，亲水性增大。在图 5.24（b）中，poly($0.1NH_2$-MILBT) 显示出最低的吸水率，其值为 1.21%，进一步验证了接触角的实验结果。上述研究表明，适量的 NH_2-MIL-125 能改善 BT 树脂的耐湿性。

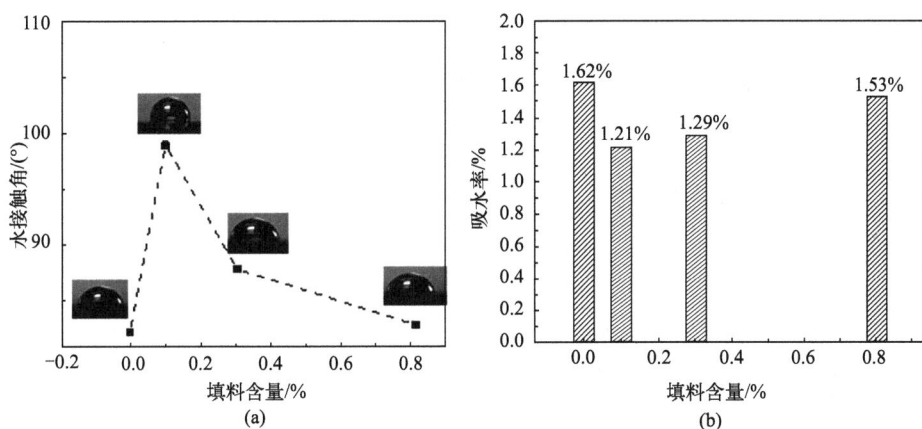

图 5.24　BT 树脂和不同含量的 NH_2-MIL-125/BT 纳米复合材料的接触角和
室温下放置 120h 后的吸水率

表 5.8　**BT 树脂和不同含量的 NH_2-MIL-125/BT 纳米复合材料的接触角和**
在室温下放置 120h 后的吸水率数据

样品	接触角/(°)	吸水率/%
poly(BT)	82.4	1.62
poly($0.1NH_2$-MIL/BT)	99	1.21
poly($0.3NH_2$-MIL/BT)	88	1.29
poly($0.8NH_2$-MIL/BT)	83	1.53

5.3 F₄-UiO-66/BT 纳米复合材料的固化机理和性能研究

目前，获得低介电聚合物材料的主要方法有降低体系的极化率和极化密度。降低体系极化率的方法是向体系中引入低极性的官能团（C—F、C—Si、C—C）[37]。降低极化密度的方法主要是向树脂基体中引入中空纳米结构，利用空气介质（$\varepsilon=1$）有效地降低聚合物材料的介电常数[38]。

在上一节中，氨基功能化的 NH_2-MIL-125 多孔纳米材料能有效降低 BT 树脂的介电常数和介电损耗，但纳米复合材料介电性能的提升效果却不理想。引入氨基等具有反应性的官能团，尽管能有效地增强 MOFs 与树脂基体之间的界面相互作用，改善与树脂基体之间的相容性，催化 BADCy 的聚合反应。然而，过多氨基的引入不仅会增加树脂体系的极化率，还容易和水分子之间形成氢键，使得水分子更容易进入树脂体系中。同时，氨基功能化的 MOFs 吸水过多，有机骨架存在坍塌的风险，从而对材料的介电性能、力学性能、热稳定性等造成不良影响，这不利于获得综合性能优良的热固性树脂材料。因此，为了避免类似现象的发生，本节尝试对 MOFs 进行氟功能化，通过向 MOFs 上引入碳氟键（C—F），C—F 的低极性不仅可以减小树脂体系的极化率和吸水率，还可以与 BT 树脂体系中的 N、O 原子形成氢键，有助于增强 MOFs 与树脂基体之间的相容性。据相关研究表明[39]，碳氟键（C—F）的存在会破坏钛氧键（Ti—O）的结构稳定性，导致氟功能化的钛基 MOFs 无法成功合成。

综上所述，本节进一步选择了与金属钛同一主簇的过渡金属锆，它具有优异的化学稳定性、耐腐蚀性、耐热性等特性。通过回流法成功制备了氟功能化的锆基金属有机骨架（F₄-UiO-66）（图 5.25），将其与 BT 树脂复合制备了 F₄-UiO-66/BT 纳米复合材料，并对纳米复合体系的固化机理和性能之间的关系进行了详细研究。

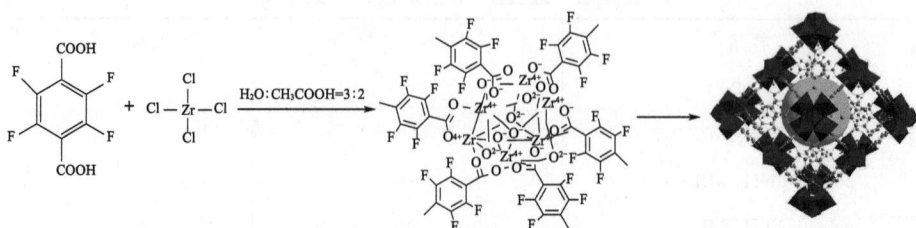

图 5.25 F₄-UiO-66 的合成

5.3.1 预聚体、固化树脂及 F₄-UiO-66/BT 纳米复合材料的制备

以 DMF 为溶剂，分别制备 F$_4$-UiO-66 的质量分数为 0.1％、0.5％、1.0％ 的 F$_4$-UiO-66/BT 共混体系。经室温超声 10min，140℃下磁力搅拌 30min 后，将溶液倒入模具中，置于 140℃真空烘箱中抽真空 1h，即得 F$_4$-UiO-66/BT 预聚体，依次记为 0.1FUIO/BT、0.5FUIO/BT、1.0FUIO/BT。此外，采用同样的方法制备了含量为 1.0％（质量分数）的 F$_4$-UiO-66 与 BMI、BADCy 的预聚体，依次记为 1.0FUIO/BMI、1.0FUIO/BADCy。

将模具经 160℃/2h＋180℃/2h＋200℃/2h＋220℃/2h 固化，再经 240℃/2h 后处理，获得固化的 F$_4$-UiO-66/BT 纳米复合材料，记为 poly(0.1FUIO/BT)、poly(0.5FUIO/BT)、poly(1.0FUIO/BT)。

5.3.2 F₄-UiO-66/BT 纳米复合材料的固化行为

采用 DSC 研究了 F$_4$-UiO-66 对 BADCy、BMI、BT 树脂的固化反应的影响（图 5.26）。如图 5.26（a），随着 F$_4$-UiO-66 的加入，1.0FUIO/BADCy 的固化峰值温度由 320℃降至 232℃，但 1.0FUIO/BMI 的 DSC 曲线仍无明显放热峰，表明 F$_4$-UiO-66 仅对 BADCy 的自聚具有显著的催化作用。因此，在 BT 树脂体系中，主要考虑 F$_4$-UiO-66 对 BADCy 固化反应的影响。图 5.26（b）为不同含量的 F$_4$-UiO-66/BT 的 DSC 曲线。研究发现，各曲线放热峰的热熔基本不变，但随着 F$_4$-UiO-66 添加量的增加，BT 树脂的固化峰值温度不断降低。当 F$_4$-UiO-66 的加入量为 1.0％时，1.0FUIO/BT 的峰值温度由 295℃降至 247℃。上述结果表明，F$_4$-UiO-66 能通过催化 BADCy 的固化反应，有效地降低 BT 树脂体系的固化反应温度。

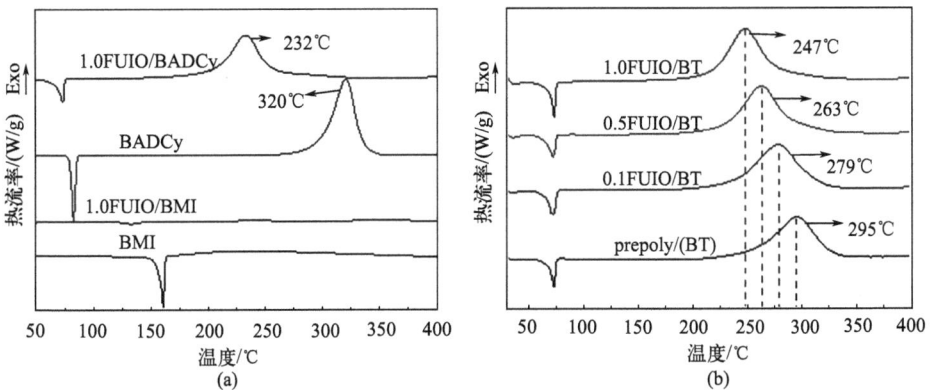

图 5.26　1.0FUIO/BADCy、1.0FUIO/BMI（a）和 FUIO/BT（b）的 DSC 曲线

之前的研究结果表明，BT 树脂的固化反应中存在 BADCAy 和 BMI 的共聚、BADCy 的自聚（图 5.4）。为了研究 F₄-UiO-66 对 BT 树脂固化反应的影响，进一步采用红外光谱对 F₄-UiO-66/BT 纳米复合材料的固化过程进行了跟踪。如图 5.27 (a) 所示，与 BT 树脂体系相比（图 5.3），在 180℃下固化 2h 后，纳米复合体系在 $1570cm^{-1}$ 处开始出现三嗪环（—C≡N）的特征峰，说明此时存在 BADCy 的自聚。在 220℃后，1.0FUIO/BT 纳米复合体系在 $2231cm^{-1}$、$2270cm^{-1}$ 处的—OCN 特征峰基本消失；同时，$692cm^{-1}$ 处 BMI 上的—C—H 键的面外弯曲振动峰也不再变化，说明纳米复合体系在此固化温度下已固化完全。结合 DSC 分析，F₄-UiO-66 能有效促进 BT 树脂在低温下形成更多的三嗪环，这有助于改进 BT 树脂的固化工艺，提高其可加工性能。

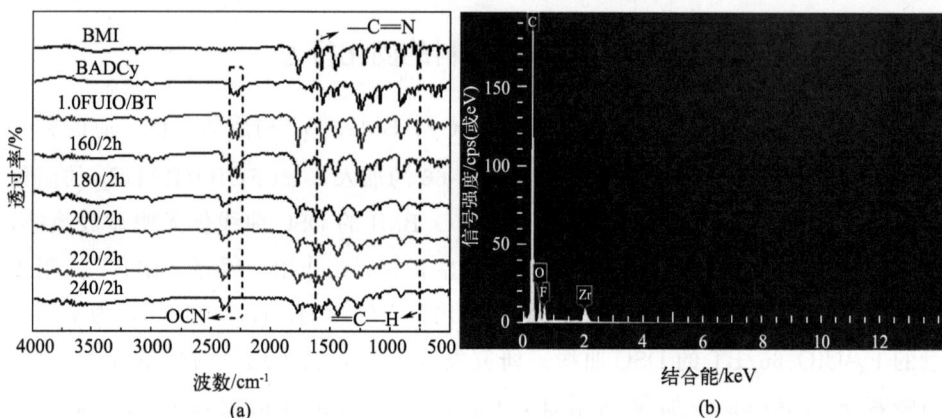

图 5.27　1.0FUIO/BT 纳米复合材料在不同温度下的 FTIR 光谱和 EDS 谱图

DSC、FTIR 研究表明，F₄-UiO-66 对 BADCy 的聚合反应起着良好的催化作用，对 BT 树脂的固化过程有显著的影响，它不仅能促进 BT 体系中形成更多的三嗪环，还能有效降低树脂体系的固化反应温度。结合 EDS［图 5.27(b)］分析，F₄-UiO-66 对 BT 树脂的催化机理为：F₄-UiO-66 中未反应完全的羧基提供大量的活泼 H^+，H^+ 为 BADCy 的自聚反应提供质子，生成具有反应性的亚氨基，再进一步与—OCN 反应生成三嗪环，从而加速 BADCy 的自聚反应。F₄-UiO-66 对 BT 树脂的催化机理如图 5.28 所示。

5.3.3　F₄-UiO-66/BT 纳米复合材料的动态热力学性能

采用动态热力学分析仪对 F₄-UiO-66/BT 纳米复合材料进行了 DMA 测试，

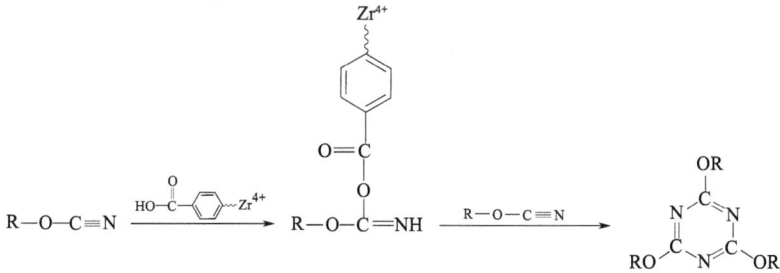

图 5.28 F₄-UiO-66 对 BADCy 树脂的催化机理

结果如图 5.29 和表 5.9 所示。利用式 (5.1) 对纳米复合材料的交联密度进行了计算[25-26]。

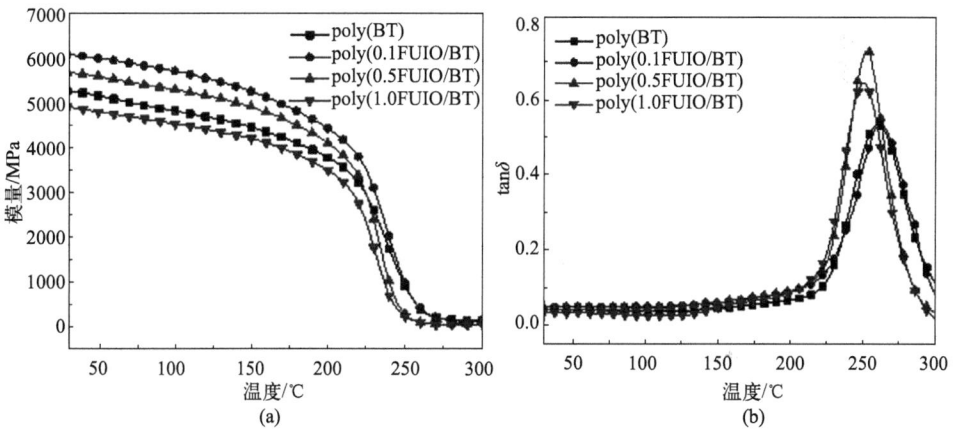

图 5.29 BT 树脂和 F₄-UiO-66/BT 纳米复合材料的 DMA 曲线

表 5.9 BT 树脂和 F₄-UiO-66/BT 纳米复合材料的 DMA 数据

样品	$E'(40℃)$/MPa	T_g/℃	$E'(T_g+40℃)$/MPa	ρ/(mol/m³)
poly(BT)	5272	258.2	155	$1.09×10^{-2}$
poly(0.1FUIO/BT)	6090	261.7	122.1	$8.50×10^{-3}$
poly(0.5FUIO/BT)	5674	252.1	70.2	$4.98×10^{-3}$
poly(1.0FUIO/BT)	4937	248.3	64.5	$4.60×10^{-3}$

研究结果表明，与 BT 树脂体系相比，F₄-UiO-66/BT 纳米复合材料的储能模量出现了先增大后减小的趋势，其变化范围为 4937～6090MPa。poly (0.1FUIO/BT) 的储能模量提高至 6090MPa，这是因为纳米复合体系中生成了更多的刚性三嗪环结构，使初始模量增大。然而，随着 F₄-UiO-66 填料含量的

增加，F_4-UiO-66 刚性粒子的空间位阻限制了 BADCy 和 BMI 链段的运动，致使交联密度减小（表 5.9）；同时，氟原子能与三嗪环中的 N、O 形成氢键，也能限制树脂链段的运动，降低树脂体系的交联密度。因此，过多 F_4-UiO-66 最终会使纳米复合体系的 T_g 减小，初始储能模量降低。

5.3.4　F_4-UiO-66/BT 纳米复合材料的介电性能

图 5.30 为 BT 树脂和 F_4-UiO-66/BT 纳米复合材料的介电常数和介电损耗，数据如表 5.10 所示。同样，采用德拜方程［式(5.2)］分析了 F_4-UiO-66/BT 纳米复合材料的介电特性[29-30]。

由图可知，F_4-UiO-66/BT 纳米复合材料的介电常数均低于 BT 树脂，同时，F_4-UiO-66/BT 纳米复合材料的介电常数出现了先减小后增大的趋势。在频率为 1MHz 时，poly（0.5FUIO/BT）显示出最小的 D_k，其值为 2.98。纳米复合材料的介电常数降低的原因在于：①F_4-UiO-66 中的三维多孔结构可向 BT 树脂中引入空气介质。②F_4-UiO-66 刚性粒子增加了树脂体系的空间位阻，有效抑制了树脂分子链段的运动，使得体系的交联密度减小，自由体积增加。③F_4-UiO-66 中的氟原子增加了自由体积，降低了树脂体系的极化率。④F_4-UiO-66 有效地促进了三嗪环的形成，高度对称的结构限制了偶极子的运动，降低了极化率。然而，由于 F_4-UiO-66 的介电常数高于 BT 树脂[40]。根据"加和原则"，随着 F_4-UiO-66 填料含量的持续增加，介电常数明显增加。另外，结合图 5.27（b）的 EDS 图可知，F_4-UiO-66 中的 Zr^{4+} 的 L 线系特征峰不明显，电子跃迁困难，电荷不易转移，使得介电损耗低。因此，在填料适量范围内，纳米复合材料的介电损耗不会明显变化，且整体均低于 BT 树脂（表 5.10）。

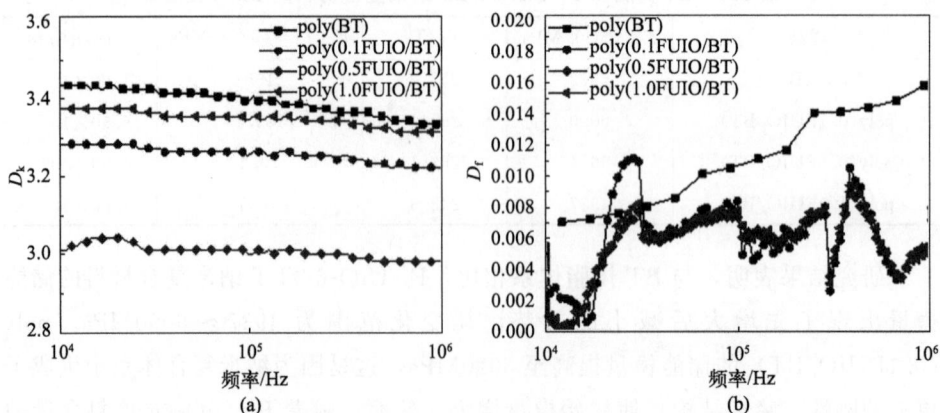

图 5.30　BT 树脂和 F_4-UiO-66/BT 纳米复合材料在不同频率下的
介电常数（a）和介电损耗曲线（b）

表 5.10　BT 树脂和 F₄-UiO-66/BT 纳米复合材料在 1MHz 频率下的介电常数和介电损耗数据

样品	D_k(1MHz)	D_f(1MHz)
poly(BT)	3.33	0.016
poly(0.1FUIO/BT)	3.22	0.005
poly(0.5FUIO/BT)	2.98	0.005
poly(1.0FUIO/BT)	3.31	0.005

5.3.5　F₄-UiO-66/BT 纳米复合材料的断裂形貌

将 F₄-UiO-66/BT 纳米复合材料用液氮淬断后对其分别进行了 SEM 和 EDS 测试,图 5.31 为 poly(1.0FUIO/BT) 中 Zr 元素的元素分布图像。结果表明,F₄-UiO-66 能很好地分散在 BT 树脂体系中。从图 5.32 不难看出,相比于 BT 树脂体系,所有 F₄-UiO-66/BT 纳米复合材料的断面均显得粗糙。随着添加量的不断增加,粗糙程度增大,poly(0.5FUIO/BT) BT、poly(1.0FUIO/BT) 均出现韧窝,其为典型的韧性断裂,这归因于 F₄-UiO-66 中的氟原子与三嗪环中的 N、O 形成氢键,增强了树脂体系的界面相互作用。因此,F₄-UiO-66 的引入能有效改善 BT 树脂的韧性。

图 5.31　poly(1.0FUIO/BT) 中 Zr 元素的分布图像

5.3.6　F₄-UiO-66/BT 纳米复合材料的热稳定性

图 5.33 为氮气氛围下 F₄-UiO-66/BT 纳米复合材料的 TGA 曲线。数据如表 5.11 所示。与 BT 树脂体系相比,纳米复合体系的 T_{d5} 和 T_{d10} 减小,poly(0.5FUIO/BT) 的 T_{d5} 和残碳率分别为 367.8℃、40.49%。出现上述现象的原因在于 F₄-UiO-66 刚性粒子降低了纳米复合体系的交联密度。然而,F₄-UiO-66

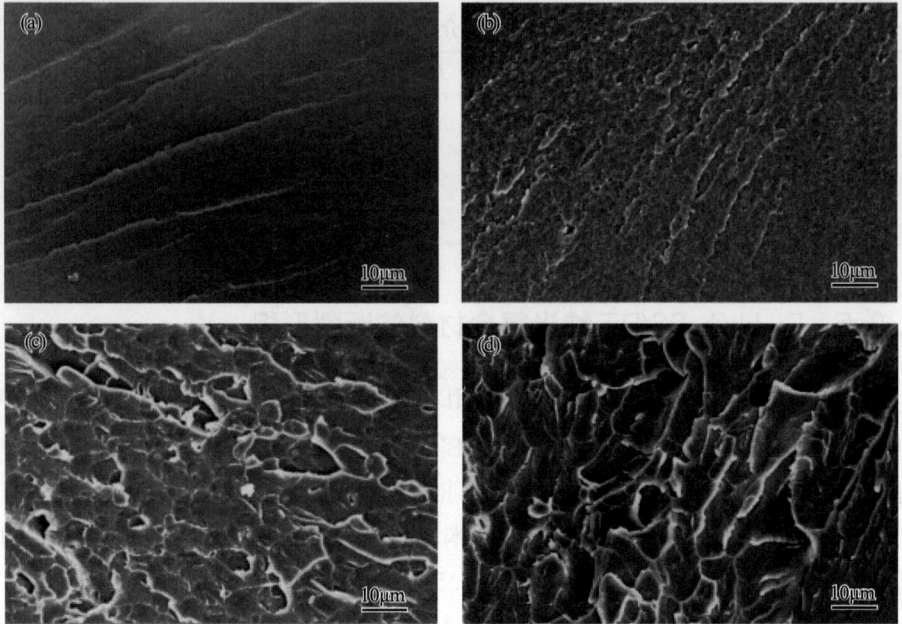

图 5.32　BT 树脂和 F₄-UiO-66/BT 纳米复合材料的 SEM 图像

（a）poly(BT)；（b）poly(0.1FUIO/BT)；（c）poly(0.5FUIO/BT)；（d）poly(1.0FUIO/BT)

本身具有优良的热稳定性和抗腐蚀性，使得 poly(1.0FUIO/BT) 的热分解温度和残碳率有所提高。研究结果表明，尽管纳米复合材料的热稳定性有所下降，但其远远高于其他热固性树脂。因此，F₄-UiO-66 改性的 BT 树脂依然能满足当前的需求。

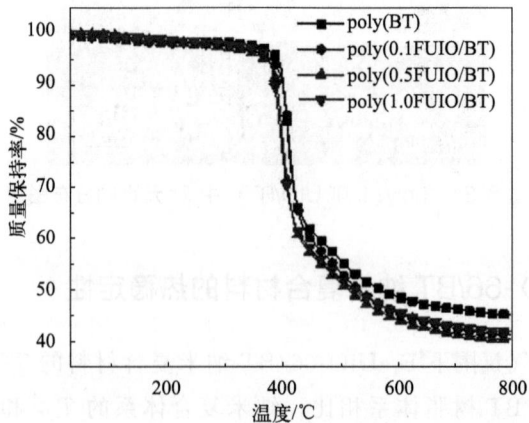

图 5.33　BT 树脂和 F₄-UiO-66/BT 纳米复合材料的 TGA 曲线

表 5.11　BT 树脂和 F_4-UiO-66/BT 纳米复合材料的 TGA 数据

样品	T_{d5}/℃	T_{d10}/℃	800℃残碳率/%
poly(BT)	389.3	399.1	45.45
poly(0.1FUIO/BT)	376.6	398.1	44.42
poly(0.5FUIO/BT)	367.8	387.3	40.49
poly(1.0FUIO/BT)	375.1	384.5	42.02

5.3.7　F_4-UiO-66/BT 纳米复合材料的耐湿性

在室温下对 F_4-UiO-66/BT 纳米复合材料进行了接触角和吸水率测试，结果如图 5.34 和表 5.12 所示。由接触角实验可知 [图 5.34(a)]，相比于 BT 树脂体系，F_4-UiO-66/BT 纳米复合材料的接触角均有所增加，且 poly(1.0FUIO/BT) 的接触角为 102.4°，表明合成的 F_4-UiO-66/BT 纳米复合材料为疏水性材料，这是因为树脂体系中除了生成更多低极性的三嗪环结构外，氟原子的引入也有利于提高表面疏水性。吸水率实验进一步表明 [图 5.34(b)]，随着 F_4-UiO-66 含量的增加，纳米复合材料的吸水率不断降低，poly(1.0FUIO/BT) 的吸水率仅为 1.11%。上述研究结果表明，利用 F_4-UiO-66 能获得具有疏水特性的 BT 纳米复合材料，这可以有效避免因吸水过多而导致聚合物材料综合性能下降。

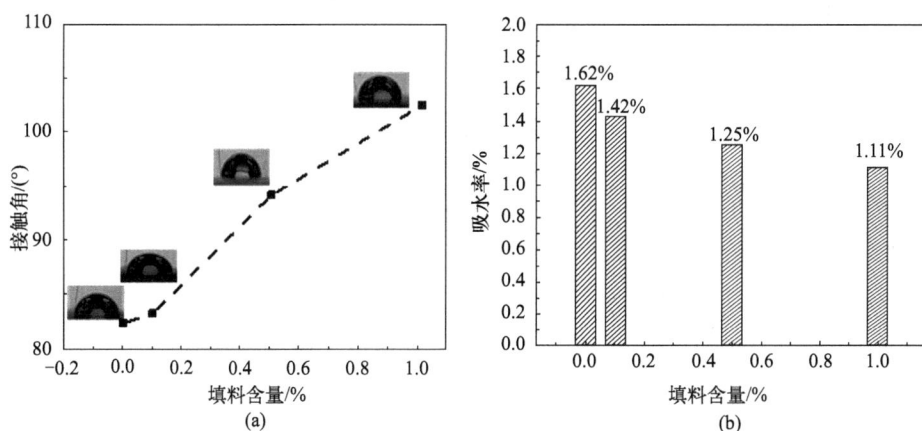

图 5.34　BT 树脂和 F_4-UiO-66/BT 纳米复合材料的接触角（a）和在室温下放置 120h 后的吸水率（b）

表 5.12　BT 树脂和 F$_4$-UiO-66/BT 纳米复合材料的接触角和在室温下
放置 120h 后的吸水率数据

样品	接触角/(°)	吸水率/%
poly(BT)	82.4	1.62
poly(0.1FUIO/BT)	86.1	1.42
poly(0.5FUIO/BT)	94.2	1.25
poly(1.0FUIO/BT)	102.5	1.11

5.4　小结

集成电路中的信号延迟和串扰是制约微电子工业发展的重要因素。社会的发展要求未来的电子器件具有更好的信号传输效率和更高的信号传播速度。印制电路板（PCB）作为集成电路中的重要组成部分，对电子信号的传播有着显著的影响。因此，选择具有低介电常数的树脂基体用于 PCB 基板材，对介电性能的提升有重要作用。双马来酰亚胺-三嗪树脂（BT 树脂）因具有低介电特能和高耐热性等特点，近年来，其在介电通信材料领域被广泛关注。然而，BT 树脂的固化温度高、介电性能不突出却限制了它在未来电子通信材料中的应用。因此，开发介电常数低、介电损耗低、固化温度低的新型 BT 树脂，成为当前亟须解决的问题。本章通过在 BT 树脂体系中引入 MOFs 的孔隙结构、催化位点，制备了固化温度低和介电性能优良的 BT 树脂纳米复合材料。

本章合成了沸石咪唑型的锌基 MOFs（ZIF-8）、氨基功能化的钛基 MOFs（NH$_2$-MIL-125）、氟功能化的锆基 MOFs（F$_4$-UiO-66）三种金属有机骨架，分别利用 ZIF-8、NH$_2$-MIL-125、F$_4$-UiO-66 改性 BT 树脂，并进一步研究了不同种类、不同含量的 MOFs 对 BT 树脂体系的固化机理、热机械性能、介电性能及耐湿性的影响。具体研究内容如下：

① 分别采用回流法、溶剂热法成功制备了 ZIF-8、NH$_2$-MIL-125、F$_4$-UiO-66 与 BT 的纳米复合材料。通过系列表征手段研究发现，ZIF-8 具有正十二面体结晶形貌、高的比表面积（1509m^2/g）和微孔结构（1.0nm）。NH$_2$-MIL-125 晶体为正八面体，其比表面积和微孔孔径分别为 1250m^2/g 和 0.66nm。与 ZIF-8、NH$_2$-MIL-125 相比，F$_4$-UiO-66 的结构规整度不高，无明显结晶形貌，且比表面积低（282m^2/g），呈微孔/介孔（0.3～3.8nm）结构。ZIF-8、NH$_2$-MIL-125 具备较强的电子络合能力，而 F$_4$-UiO-66 的电子络合效

应不明显。

② 利用 ZIF-8 改性双马来酰亚胺-三嗪树脂，制备了 ZIF-8/BT 纳米复合材料。研究结果表明，ZIF-8 对 BT 树脂的固化过程有明显的催化作用。随着 ZIF-8 用量的增加，ZIF-8/BT 共混物的固化温度不断降低。当 ZIF-8 的添加量为 0.5％时，ZIF-8/BT 共混物的 DSC 曲线呈双峰，分别对应于氰酸酯的自聚以及氰酸酯与双马来酰亚胺的共聚，这是因为 ZIF-8 中的 Zn^{2+} 和咪唑协同催化了氰酸酯的自聚，使其在低温下发生，改变了 BT 树脂的固化历程。ZIF-8 在 BT 树脂中分散均匀，并具有一定的增韧作用。加入 ZIF-8 后，因更多刚性三嗪环的生成，复合材料的初始储能模量增大，但 ZIF-8 的位阻效应使得体系的交联密度降低，自由体积增大。因此，与高添加量（质量分数≥10％）的 POSS、中空 SiO_2 等无机填料相比，ZIF-8/BT 纳米复合材料因纳米孔隙的引入、三嗪环的生成以及自由体积的增大而使其在超低添加量（质量分数≤1.0％）时即可有效降低介电常数，并保持良好的耐热性及耐湿性。

③ 将 NH_2-MIL-125 加入双马来酰亚胺-三嗪树脂体系中，制备了 NH_2-MIL-125/BT 纳米复合材料。研究结果表明，NH_2-MIL-125 明显催化了氰酸酯的自聚反应，降低了 BT 树脂的固化温度，使 BT 树脂的交联结构中三嗪环增多，初始储能模量增大，但 NH_2-MIL-125 的位阻效应使得体系的交联密度减小、自由体积增大。随着 NH_2-MIL-125 添加量的增大，除了 BT 树脂的固化反应外，还存在氨基与双马来酰亚胺之间的 Michael 加成反应，这有助于有效降低 BT 树脂中的电荷积聚，它与纳米孔隙的引入、三嗪环的生成以及自由体积的增大共同降低了 BT 树脂的介电常数。同时，NH_2-MIL-125 在 BT 树脂中分散均匀，能起到明显的纳米粒子增韧效果。此外，NH_2-MIL-125/BT 纳米复合体系具有优异的热稳定性和耐湿性。

④ 采用 F_4-UiO-66 改性双马来酰亚胺-三嗪树脂，制备了 F_4-UiO-66/BT 纳米复合材料。研究结果表明，F_4-UiO-66 能有效催化氰酸酯的固化反应，促进 BT 树脂固化形成更多的三嗪环，使得 BT 树脂体系的初始储能模量增加，但 F_4-UiO-66 的空间位阻和氟原子的低极性使体系交联密度减小，自由体积增大，T_g 减小。F_4-UiO-66 的引入使得 BT 体系孔隙率增大、三嗪环及氟原子增多、自由体积增大，因此，F_4-UiO-66/BT 纳米复合材料的介电常数明显降低。F_4-UiO-66 在 BT 树脂中分散均匀，增强了 BT 树脂的韧性，并保持了纳米复合材料的热稳定性和耐湿性。

参考文献

［1］ Cao H，Xu R，Yu D. Thermal and dielectric properties of bismaleimide-triazine resins containing octa（maleimidophenyl）silsesquioxane［J］. Journal of Applied Polymer Science，2008，109（5）：3114-3121.

［2］ Osei-Owusu A，Martin G C，Gotro J T. Analysis of the curing behavior of cyanate ester systems［J］. Polymer Engineering & Science，1991，31（22）：1604-1609.

［3］ Luo Z H，Wei L H. Study on thermal cure and heat-resistant properties of N-（3-acetylene-phenyl）maleimide monomer［J］. European Polymer Journal，2007，43（8）：3461-3470.

［4］ Hu J T，Gu A J，Liang G Z，et al. Synthesis of mesoporous silica and its modification of bismaleimide/cyanate ester resin with improved thermal and dielectric properties［J］. Polymers for Advanced Technologies，2012，23（3）：454-462.

［5］ Shimp D A. Metal carboxylate alcohol curing catalyst forpolycyanate ester of polyhydric phenol：EP0220906［P］. 1986-10-20.

［6］ Guo Y，Chen F H，Han Y，et al. High performance fluorinated bismaleimide-triazine resin with excellent dielectric properties［J］. Journal of Polymer Research，2018，25（27）：1-9.

［7］ Chen X R，Sun J，Fang L X. Cross-linkable fluorinated polynorbornene with high thermo-stability and low dielectric constant at high frequency［J］. ACS Applied Polymer Materials，2020，2（2）：768-774.

［8］ Leu C M，Chang Y T，Wei K H. Synthesis and dielectric properties of polyimide-tethered polyhedral oligomericsilsesquioxane（POSS）nanocomposites via POSS-diamine［J］. Macromolecules，2003，36（24）：9122-9127.

［9］ Fracaroli A M，Furukawa H，Suzuki M，et al. Metal-organic frameworks with precisely designed interior for carbon dioxide capture in the presence of water［J］. Journal of the American Chemical Society，2014，136（25）：8863-8866.

［10］ Banerjee D，Simon C M，Plonka A M，et al. Metal-organic framework with optimally selective xenon adsorption and separation［J］. Nature Communications，2016，7：11831.

［11］ Isabel A L，Forgan R S. Application of zirconium MOFs in drug delivery and biomedicine［J］. Coordination Chemistry Reviews，2019，380：230-259.

［12］ Ye Y，Gong L，Xiang S，et al. Metal-organic frameworks as a versatile platform for proton conductors［J］. Advanced Materials，2020，32（21）：1907090.

［13］ Ding S S，He L，Bian X W，et al. Metal-organic frameworks-based nanozymes for combined cancer therapy［J］. Nano Today，2020，35：100920.

［14］ Xu W，Yu S S，Zhang H，et al. A three-dimensional metal-organic framework for a guest-free ultra-low dielectric material［J］. RSC Advances，2019，9（28）：16183-16186.

[15] Usman M，Lu K. Metal-organic frameworks：The future of low-k materials [J]. NPG Asia Materials，2016，8（12）：e333.

[16] Zagorodniy K，Seifert G，Hermann H. Metal-organic frameworks as promising candidates for future ultralow-k dielectrics [J]. Applied Physics Letters，2010，97（25）：2519051-2519052.

[17] Liu C，Mullins M，Hawkins S，et al. Epoxy nanocomposites containing zeolitic imidazolate framework-8 [J]. Acs Applied Materials & Interfaces，2018，10（1）：1250.

[18] Manju S，Roy P K，Ramanan A. Toughening of epoxy resin using Zn_4O（1，4-benzenedicarboxylate)$_3$ metal organic framework [J]. RSC Advances，2014，4（94）：52338-52345.

[19] Zhou L，Lu H M，Liu Z Y. Mechanism and dynamic thermomechanical analysis of ZIF-61/bisphenol——A cyanate ester（BCE）composites [J]. Materials Letters，2016，175（15）：48-51.

[20] Eslava S，Zhang L，Esconjauregui S，et al. Metal-organic framework ZIF-8 films as low-κ dielectrics in microelectronics [J]. Chemistry of Materials，2013，25（1）：27-33.

[21] Gong X，Wang Y，Kuang T. ZIF-8-based membranes for carbon dioxide capture and separation [J]. ACS Sustainable Chemistry & Engineering，2017，5（12）：11204-11214.

[22] 李文峰，辛文利，梁国正，等. 氰酸酯树脂的固化反应及其催化剂 [J]. 航空材料学报，2003（02）：56-62.

[23] Yan H Q，Wang H Q，Qi G Q. Curing, thermal stability and composite properties for blends of the novel bismaleimide and cyanate containing naphthalene [J]. International Journal of Materials & Product Technology，2010，37（3/4）：369-380.

[24] Hamerton I，Herman H，Rees K T，et al. Water uptake effects in resins based on alkenyl-modified cyanate ester-bismaleimide blends [J]. Polymer International，2001，50（4）：475-483.

[25] Li X D，Xia Y，Xu W，et al. The curing procedure for a benzoxazine-cyanate-epoxy system and the properties of the terpolymer [J]. Polymer Chemistry，2012，3（6）：1629-1633.

[26] Musto P，Abbate M，Ragosta G，et al. A study by Raman, near-infrared and dynamic-mechanical spectroscopies on the curing behaviour, molecular structure and viscoelastic properties of epoxy/anhydride networks [J]. Polymer，2007，48（13）：3703-3716.

[27] Ishida H，Allen D J. Physical and mechanical characterization of near-zero shrinkage polybenzoxazines [J]. J Polym Sci, Part B：Polym Phys，1996，34（6）：1019-1030.

[28] Rao B S，Pathak S K. Thermal and viscoelastic properties of sequentially polymerized networks composite of benzoxazine, epoxy and phenalkamine curing agent. J Appl Polym Sci，2006，100：3956-3965.

[29] Zhao C，Wei X，Huang Y，et al. Preparation and unique dielectric properties of nanoporous materials with well-controlled closed-nanopores [J]. Physical Chemistry Chemical Physics，2016，18（28）：19183-19193.

[30] JianG，Liu M，Yan C，et al. A strategy for design of non-percolative composites with stable giant dielectric constants and high energy densities [J]. Nano Energy, 2019，58：419-426.

[31] He Z W，Sun W X，Liu X Q，et al. Structural characteristics of ultra-low k SiO$_2$ thin films prepared using a molecular template [J]. The European Physical Journal B, 2005，48：463-468.

[32] Han X，Yuan L，Gu A，et al. Development and mechanism of ultralow dielectric loss and toughened bismaleimide resins with high heat and moisture resistance based on unique amino-functionalized metal-organic frameworks [J]. Composites Part B：Engineering, 2018，132：28-34.

[33] Fu Y，Zhang K，Zhang Y，et al. Fabrication of visible-light-active MR/NH$_2$-MIL-125 (Ti) homojunction with boosted photocatalytic performance [J]. Chemical Engineering Journal, 2021，412 (2)：128722.

[34] Gordeeva L G，Solovyeva M V，Aristov Y I. NH$_2$-MIL-125 as a promising material for adsorptive heat transformation and storage [J]. Energy, 2016，100 (01)：18-24.

[35] Luo S，Liu X Y，Wei X J，et al. Noble-metal-free cobaloxime coupled with metal-organic frameworks NH$_2$-MIL-125：A novel bifunctional photocatalyst for photocatalytic NO removal and H$_2$ evolution under visible light irradiation [J]. Journal of Hazardous Materials, 2020，399：122824.

[36] 钟翔屿，包建文，李晔，等. 双酚 A 氰酸酯自聚反应机理研究 [J]. 热固性树脂，2008 (1)：8-10.

[37] Tkachenko I，Kononevich Y，Kobzar Y，et al. Low dielectric constant silica-containing cross-linked organic-inorganic materials based on fluorinated poly (arylene ether)s [J]. Polymer, 2018，157：131-181.

[38] Lee J，Lee S，Kim K，et al. Low dielectric transparent poly (amide-imide) thin film with nano scale porous structure [J]. Macromolecular Research, 2017，25 (11)：1115-1120.

[39] Hendon C H，Tiana D，Fontecave M，et al. Engineering the optical Response of the titanium-MIL-125 metal-organic framework through ligand functionalization [J]. Journal of the American Chemical Society，2013，135 (30)：10942-10945.

[40] Balčiūnas S，Pavlovaité D，Kinka M，et al. Dielectric spectroscopy of water dynamics in functionalized UiO-66 metal-organic frameworks [J]. Molecules, 2020，25 (8)：1962.